U0201883

全国职业院校"十三五"规划教材（物联网技术应用专业）

物联网编程与应用（C#）

主　编　王　浩　王伟旗
副主编　王彦聪　史桂红　许　戈　贺志朋

中国水利水电出版社
www.waterpub.com.cn
·北京·

内 容 提 要

　　本书以贴近实际的具体项目为依托，将必须掌握的基本知识与项目设计和实施建立联系，将能力和技能培养贯穿其中。本书根据行业对人才知识和技能的要求设计了 10 个编程项目：基于 C# 温湿度采集应用、基于 C# 温湿度采集风扇控制应用、基于 C# 光照度采集应用、基于 C# 光照度采集步进电机控制应用、基于 C# 人体红外检测应用、基于 C# 人体红外检测继电器控制应用、基于 C# 烟雾气体检测应用、基于 C# 烟雾气体检测报警灯控制应用、基于 C# 音乐播放无线控制应用、基于 C# 智能家居采集控制应用。根据项目实施过程，以任务方式将课程内容的各种实际操作"项目化"，使学生能在较短时间内掌握物联网传感器采集和执行机构控制方面的上位机应用开发技术。

　　本书既可作为高、中职学校物联网技术相关专业的课程教材，也可作为物联网编程应用考证培训参考书。

图书在版编目（ＣＩＰ）数据

物联网编程与应用：C# / 王浩，王伟旗主编. --
北京：中国水利水电出版社，2018.12
全国职业院校"十三五"规划教材. 物联网技术应用
专业
ISBN 978-7-5170-7346-8

Ⅰ．①物… Ⅱ．①王… ②王… Ⅲ．①互联网络－应
用－高等职业教育－教材②智能技术－应用－高等职业教
育－教材③C语言－程序设计－高等职业教育－教材 Ⅳ.
①TP3②TP18

中国版本图书馆CIP数据核字(2019)第007312号

策划编辑：石永峰　　责任编辑：张玉玲　　封面设计：梁　燕

书　　名	全国职业院校"十三五"规划教材（物联网技术应用专业） 物联网编程与应用（C#） WULIANWANG BIANCHENG YU YINGYONG（C#）
作　　者	主　编　王　浩　王伟旗 副主编　王彦聪　史桂红　许　戈　贺志朋
出版发行	中国水利水电出版社 （北京市海淀区玉渊潭南路 1 号 D 座　100038） 网址：www.waterpub.com.cn E-mail：mchannel@263.net（万水） 　　　　sales@waterpub.com.cn 电话：（010）68367658（营销中心）、82562819（万水）
经　　售	全国各地新华书店和相关出版物销售网点
排　　版	北京万水电子信息有限公司
印　　刷	三河航远印刷有限公司
规　　格	184mm×260mm　16 开本　12 印张　266 千字
版　　次	2018 年 12 月第 1 版　2018 年 12 月第 1 次印刷
印　　数	0001—3000 册
定　　价	32.00 元

前 言

"物联网编程与应用"是一门实用性很强的专业课，注重理论知识和实践应用的紧密结合。本书的设计思路是采用项目式和任务驱动方式将课程内容实际操作"项目化"，项目化课程强调不仅要给学生知识，而且要通过训练使学生能够在知识与工作任务之间建立联系。项目化课程的实施将课程的技能目标、学习目标要素贯穿在对工作任务的认识、体验和实施当中，并通过技能训练加以完成。在项目化课程的实施过程中，以项目任务为驱动，强化知识的学习和技能的培养。

本书以贴近实际的具体项目为依托，将必须掌握的基本知识与项目设计和实施建立联系，将能力和技能培养贯穿其中。本书根据行业对人才知识和技能的要求设计了10个编程项目：基于 C# 温湿度采集应用、基于 C# 温湿度采集风扇控制应用、基于C# 光照度采集应用、基于 C# 光照度采集步进电机控制应用、基于 C# 人体红外检测应用、基于 C# 人体红外检测继电器控制应用、基于 C# 烟雾气体检测应用、基于 C# 烟雾气体检测报警灯控制应用、基于 C# 音乐播放无线控制应用、基于 C# 智能家居采集控制应用。根据项目实施过程，以任务方式将课程内容的各种实际操作"项目化"，使学生能在较短时间内掌握物联网传感器采集和执行机构控制方面的上位机应用开发技术。

本书内容体系完整，案例详实，叙述通俗易懂。书中的所有程序实例已全部通过了物联网实验实训设备验证，该硬件平台是由苏州创彦物联网科技有限公司研制的实验实训设备。通过本书的学习，学生可以快速掌握物联网传感器数据采集和控制应用编程能力，并能提升物联网应用编程软件设计与开发的水平。

由于编者水平有限，加之物联网技术发展日新月异，书中难免存在疏漏甚至错误之处，敬请广大读者批评指正。

编 者
2018 年 10 月

Contents 目录

项目 1
基于 C# 温湿度采集应用

项目情境

随着生活水平的提高，人们对生活环境有了更高的要求，市面上家用加湿机、温湿度计等产品都加装了温湿度传感器，可以达到随时检测室内温湿度的效果，使生活的环境更加舒适。另外在农业及畜牧业的生产，特别是一些经济作物的生产中（如需确定环境中的温度、湿度对幼苗生长的影响等）也需要用温湿度传感器来进行数据采集和监控，以期获得最佳的经济效益，如图 1-1 所示。

图 1-1　温室大棚温湿度检测

学习目标

- 能正确使用设备通过串口通信获取温湿度数据
- 理解温湿度采集程序的功能结构
- 掌握温湿度采集程序的功能设计
- 掌握温湿度采集程序的功能实现
- 掌握温湿度采集程序的调试和运行

任务 1.1　串口通信温湿度传感器数据采集

1.1.1　任务描述

在本次任务中，首先用物联网多功能教学演示仪接入的温湿度传感器对实训室的周边环境参数（温度、湿度等）进行实时采集，然后通过 ZigBee 无线传感网络传输至嵌入式网关，最后通过计算机与嵌入式网关之间的串口通信方式将采集到的温湿度数据实时显示在 PC 端串口调试助手上。温湿度采集整体功能结构如图 1-2 所示。

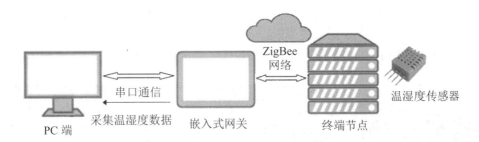

图 1-2 温湿度采集整体功能结构

1.1.2 任务分析

温湿度采集模块包括温度数据采集和湿度数据采集，温湿度传感器实时采集温湿度数据信息，周期性地通过 ZigBee 网络发送至 ZigBee 协调器，当 ZigBee 协调器节点收到数据之后，通过串口发送给 PC 机，最后在 PC 机的串口调试助手上进行实时显示，如图 1-3 所示。

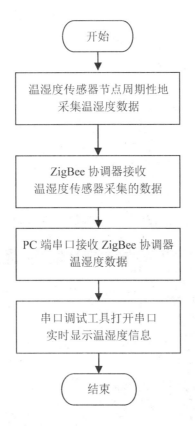

图 1-3 温湿度数据采集流程图

1.1.3 操作方法与步骤

（1）打开物联网设备电源，将 USB 线缆一端插入到如图 1-4 所示的 USB 接口中，另一端接入到 PC 端 USB 通信接口中。

（2）在 PC 端中，右击"我的电脑"，在快捷菜单中选择"属性"选项，如图 1-5 所示。

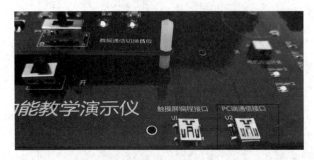 

图 1-4 USB 线缆接入设备 USB 接口   图 1-5 选择"属性"选项

（3）在如图 1-6 所示的界面中选择"设备管理器"选项。

图 1-6 "设备管理器"选项

（4）打开设备管理器，找到"端口（COM 和 LPT）"选项，展开选项之后出现如图 1-7 所示的设备串口，这里为 USB-SERIAL CH340(COM4)，串口名称为 COM4。

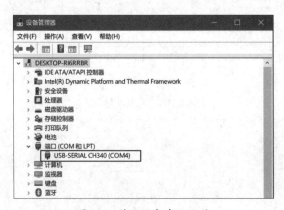

图 1-7 获取设备串口名称

（5）将功能开关挡位切换到"PC 端"挡后即可通过 PC 机对物联网设备进行数据采集和控制，如图 1-8 所示。

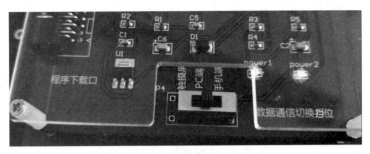

图 1-8　设备端与 PC 通信的挡位

物联网多功能教学演示仪的温湿度传感器模块如图 1-9 所示。

图 1-9　温湿度传感器模块

（6）打开串口调试助手软件，设置波特率为 9600，校验位为无，数据位为 8 位，停止位为 1 位，然后单击"打开串口"按钮，显示如图 1-10 所示的数据，0101 开头的后两位数据代表温度，如 010116 代表温度为 16℃，0102 开头的后两位数据代表湿度，如 010234 代表湿度为 34%。

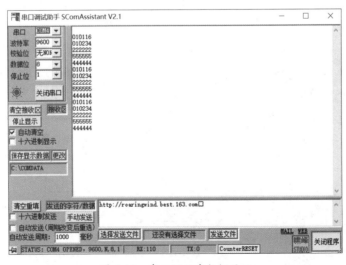

图 1-10　串口温湿度数据显示

任务 1.2　　基于 C# 温湿度采集程序开发

1.2.1　任务描述

在上一个任务中，温湿度传感器节点将采集到的温湿度数据通过无线传感网络传输至嵌入式网关，然后嵌入式网关通过串口与计算机通信，将温湿度数据实时显示在串口调试助手界面上。本次任务通过 C# 编程，实现对物联网设备平台上温湿度传感器的数据采集、数据处理和数据实时显示，让读者在本次项目实践中学到并掌握温湿度采集程序的开发技术。

1.2.2　任务分析

温湿度采集程序功能就是通过串口通信进行周期性温湿度数据采集，并在 C# 上位机界面上进行实时显示。程序功能模块设计结构图如图 1-11 所示。

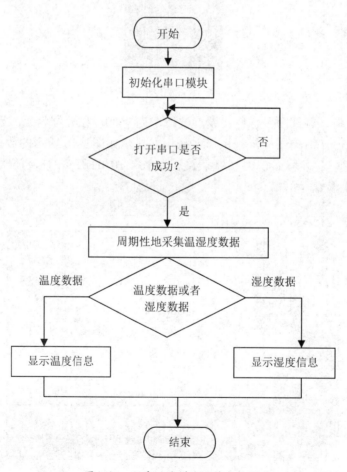

图 1-11　程序功能模块设计结构图

温湿度采集模块包括温度数据采集和湿度数据采集。这里温湿度传感器实时采集温湿度数据信息，周期性地通过 ZigBee 网络发送至 ZigBee 协调器。当 ZigBee 协调器节点收到数据之后，通过串口发送给 PC 机的 C# 上位机程序进行解析处理，并在 C# 的图形交互界面上进行实时显示。温湿度采集模块流程图如图 1-12 所示。

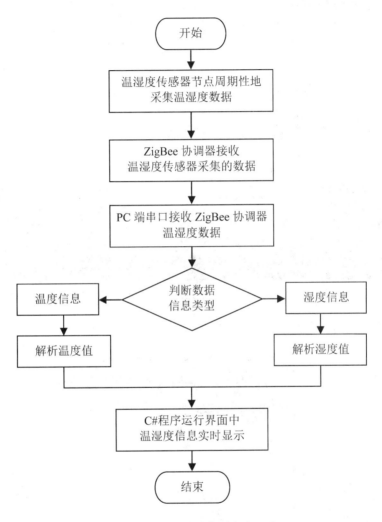

图 1-12　温湿度采集模块流程图

1.2.3　操作方法与步骤

1. 温湿度采集程序窗体界面设计

（1）创建温湿度采集控制程序工程项目。

打开 VS.NET 开发环境，在起始页的项目窗体界面中选择菜单中的"文件"→"新建"→"项目"选项，弹出"新建项目"对话框，如图 1-13 所示，在左侧项目类型列表中选择 Windows 选项，在右侧的模板中选择"Windows 窗体应用程序"选项，在下方的"名称"栏中输入将要开发的应用程序名 TempHumApp，在"位置"栏中选择应用程序所保存的路径位置，最后单击"确定"按钮。

图 1-13　"新建项目"对话框

温湿度采集程序工程项目创建完成之后显示如图 1-14 所示的工程解决方案。

图 1-14　温湿度采集程序工程项目解决方案

（2）窗体界面设计。

1）选中整个 Form 窗体，然后在属性栏的 Text 中输入"温湿度采集程序"文本值，如图 1-15 所示。

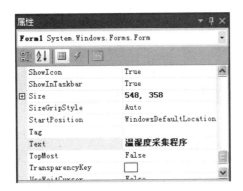

图 1-15 设置窗体名称文本信息

2）在界面设计中，添加两个 Label 控件、一个 GroupBox 控件、一个 ComboBox 控件和一个 Button 控件，完成程序标题的显示和界面串口参数的选择，如图 1-16 所示。

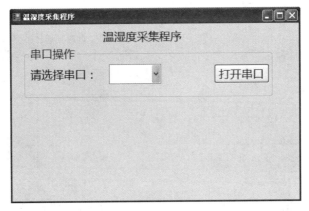

图 1-16 串口界面设计

3）添加两个 Label 控件、一个 GroupBox 控件和两个 TextBox 控件，完成程序界面温湿度采集信息的实时显示，如图 1-17 所示。

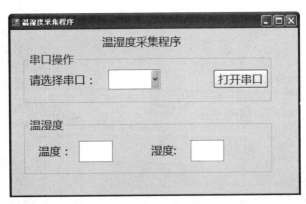

图 1-17 温湿度界面设计

4）将主要控件进行规范命名和初始值设置，如表 1-1 所示。

表 1-1　程序主要控件说明

控件名称	命名	说明
ComboBox	comboPortName	设置串口名称，如 Com1、Com2、Com3
Button	buttonOpenCloseCom	打开或关闭串口按钮
TextBox	txtTemp	显示温度信息文本框
TextBox	txtHum	显示湿度信息文本框
GroupBox	gboxCom	串口操作组控件
GroupBox	gboxTemphum	温湿度操作组控件
Label	labeltitle	标题信息

2. 温湿度采集程序功能代码实现

（1）Form1 窗体代码文件（Form1.cs）结构。

```
using System;
using System.Collections.Generic;
using System.ComponentModel;
using System.Data;
using System.Drawing;
using System.Linq;
using System.Text;
using System.Threading.Tasks;
using System.Windows.Forms;
// 以上语句是自动生成的

using System.IO.Ports;    // 手动添加，包含串口相关的类
namespace TempHumApp
{
    public partial class Form1 : Form
    {
        private SerialPort comm = new SerialPort();    // 新建一个串口变量
        string newstrdata = "";
        public Form1()
        {
            InitializeComponent();
        }
        private void buttonOpenCloseCom_Click(object sender, EventArgs e)
        {

        }
        private void Form1_Load(object sender, EventArgs e)
        {

        }
```

```
        void comm_DataReceived(object sender, SerialDataReceivedEventArgs e)
        {

        }
    }
}
```

（2）功能方法说明。

1）Form1_Load 方法。当窗体加载时，一方面执行串口类的 GetPortNames 方法，使之获得当前 PC 端可用的串口，并显示在下拉列表框中；另一方面添加事件处理函数 comm.DataReceived，使得当串口缓冲区有数据时执行 comm _DataReceived 方法读取串口数据并处理。代码具体实现如下：

```
private void Form1_Load(object sender, EventArgs e)
{
    string[] ports = SerialPort.GetPortNames();
    Array.Sort(ports);
    comboPortName.Items.AddRange(ports);
    comboPortName.SelectedIndex = comboPortName.Items.Count > 0 ? 0 : -1;
    // 初始化 SerialPort 对象
    comm.NewLine = "/r/n";
    comm.DataReceived += comm_DataReceived;
}
```

2）打开或者关闭串口方法。单击"打开串口"按钮时执行打开串口方法。通过主界面窗体上的下拉列表框选择可用的串口，如串口名称 Com1，设置波特率为 9600，打开串口，再次单击"关闭串口"按钮时执行关闭串口方法。在该方法中将打开的串口对象进行关闭操作的代码具体实现如下：

```
private void buttonOpenCloseCom_Click(object sender, EventArgs e)
{
    // 根据当前串口对象来判断操作
    if (comm.IsOpen)
    {
        comm.Close();
        txtHum.Text = "";
        txtTemp.Text = "";
    }
    else
    {
        // 关闭时点击，设置好端口、波特率后打开
        comm.PortName = comboPortName.Text;
        comm.BaudRate = 9600;
        try
        {
            comm.Open();
        }
        catch (Exception ex)
```

```
        {
            // 捕获到异常信息，创建一个新的 comm 对象
            comm = new SerialPort();
            // 显示异常信息给客户
            MessageBox.Show(ex.Message);
        }
    }
    // 设置按钮的状态
    buttonOpenCloseCom.Text = comm.IsOpen ? " 关闭串口 " : " 打开串口 ";
}
```

3）读串口数据方法。当串口缓冲区有数据时，执行 comm _DataReceived 方法读
串口数据。从串口读出数据之后，首先判断数据是否为空，当不为空时，再判断字符
串是否以 "0101" 开始，如果是，则取 0101 的后面两位字符，它们是温度数据；然后
判断 "0102" 字符串是否存在，如果存在，则取 0102 的后面两位字符，它们是湿度数
据。代码具体实现如下：

```
void comm_DataReceived(object sender, SerialDataReceivedEventArgs e)
{
    this.BeginInvoke(new Action(() =>
    {
        string serialdata = comm.ReadExisting();
        newstrdata += serialdata;
        if (newstrdata.LastIndexOf("0101") >= 0)
        {
            int tempindex = newstrdata.LastIndexOf("0101");
            if (newstrdata.Substring(tempindex).Length >= 6)
            {
                txtTemp.Text = newstrdata.Substring(tempindex + 4, 2);
            }
        }
        if (newstrdata.LastIndexOf("0102") >= 0)
        {
            int humindex = newstrdata.LastIndexOf("0102");
            if (newstrdata.Substring(humindex).Length >= 6)
            {
                txtHum.Text = newstrdata.Substring(humindex + 4, 2);
            }
        }
    }
    ), null);
}
```

3. 温湿度采集程序调试与运行

（1）打开物联网设备电源，将 USB 线缆一端插入到如图 1-18 所示的 USB 接口中，
另一端接入到 PC 端 USB 通信接口中。

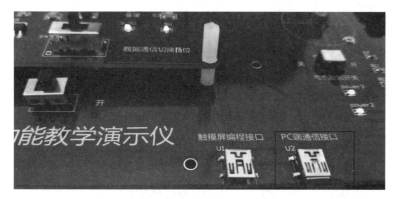

图 1-18　USB 线缆接入设备 USB 接口

（2）打开设备管理器，找到"端口（COM 和 LPT）"选项，展开选项之后出现如图 1-19 所示的设备串口，这里为 USB-SERIAL CH340(COM1)，串口名称为 COM1。

图 1-19　获取设备串口名称

（3）将功能开关挡位切换到"PC 端"挡之后即可通过 PC 机对物联网设备中的温湿度传感器进行数据采集，如图 1-20 所示。

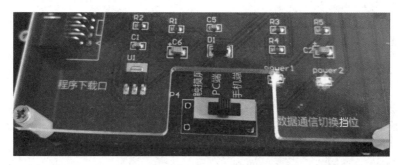

图 1-20　设备端与 PC 通信的挡位

（4）在 PC 端双击"温湿度采集程序"运行温湿度采集程序，主界面如图 1-21 所示。

图 1-21　运行温湿度采集程序

（5）根据前面所显示的串口名称，这里选择串口 COM1，单击"打开串口"按钮，这时界面上显示当前的温度和湿度数据，如图 1-22 所示。

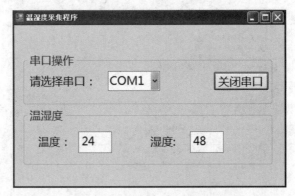

图 1-22　窗体界面显示温湿度数据

项目 2
基于 C# 温湿度采集风扇控制应用

项目情境

大家知道，当 CPU 风扇转速变慢时，CPU 本身的温度就会升高。为了保护 CPU 的安全，CPU 会自动降低运行频率，从而导致计算机运行速度变慢。风扇是降低硬件温度的最好办法。通过温湿度传感器不仅可以采集当前 CPU 环境的实时温湿度数据，也可以根据设定的温湿度值来控制 CPU 风扇转速，达到对计算机通风系统自动调节的作用，如图 2-1 所示。

图 2-1　CPU 风扇控制

学习目标

- 能正确使用设备通过串口通信获取温湿度数据和控制风扇
- 了解温湿度采集和控制的应用场景
- 掌握温湿度采集和风扇控制程序的功能结构
- 掌握温湿度采集和风扇控制程序的功能设计
- 掌握温湿度采集和风扇控制程序的功能实现
- 掌握温湿度采集和风扇控制程序的调试和运行

任务 2.1　串口通信温湿度数据采集和风扇控制

2.1.1　任务描述

本次任务是在前一个项目的基础上，通过物联网多功能教学演示仪中的温湿度传感器对周边环境参数（温度、湿度等）进行实时采集，然后通过 ZigBee 无线传感网络传输至嵌入式网关，再通过串口通信方式显示在 PC 端串口调试助手上。此外，可以在 PC 端串口调试助手上发出字符串控制命令给终端节点模块，控制风扇模块的运行和停止。温湿度采集和风扇控制整体功能结构如图 2-2 所示。

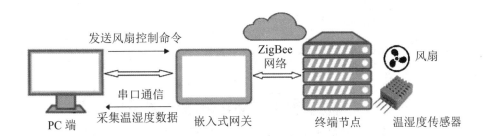

图 2-2　温湿度采集和风扇控制整体功能结构

2.1.2　任务分析

串口通信实现温湿度采集和风扇控制功能，其中一个是温湿度采集模块，另一个是风扇控制模块。一方面温湿度传感器实时采集温湿度数据信息，周期性地通过 ZigBee 网络发送至 ZigBee 协调器，当 ZigBee 协调器节点收到数据之后通过串口发送给 PC 机；另一方面 PC 端通过串口发送风扇控制命令信息给 ZigBee 协调器，再由 ZigBee 协调器通过无线传感网络发送至 ZigBee 终端通信节点，实现风扇的打开和关闭控制，如图 2-3 所示。

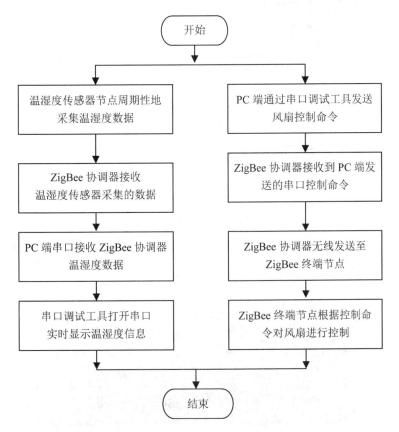

图 2-3　串口通信进行温湿度采集和风扇控制流程图

2.1.3　操作方法与步骤

（1）打开物联网设备电源，将 USB 线缆一端插入到如图 2-4 所示的 USB 接口中，另一端接入到 PC 端 USB 通信接口中。

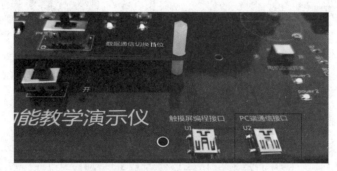

图 2-4　USB 线缆接入设备 USB 接口

（2）打开设备管理器，找到"端口（COM 和 LPT）"选项，展开选项之后出现如图 2-5 所示的设备串口，这里为 USB-SERIAL CH340(COM4)，串口名称为 COM4。

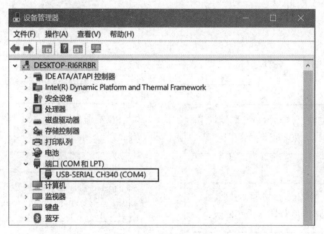

图 2-5　获取设备串口名称

（3）将功能开关挡位切换到"PC 端"挡之后即可通过 PC 机对物联网设备上的温湿度传感器进行数据采集和风扇控制，如图 2-6 所示。

图 2-6　设备端与 PC 通信挡位

串口通信采集的温湿度传感器和风扇控制模块如图 2-7 所示。

图 2-7　温湿度传感器和风扇控制模块

（4）打开串口调试助手，设置波特率为 9600，校验位为无，数据位为 8 位，停止位为 1 位，然后单击"打开串口"按钮，显示如图 2-8 所示的数据，0101 开头的后两位数据代表温度，如 010116 代表温度为 16℃；0102 开头的后两位数据代表湿度，如 010234 代表湿度为 34%。

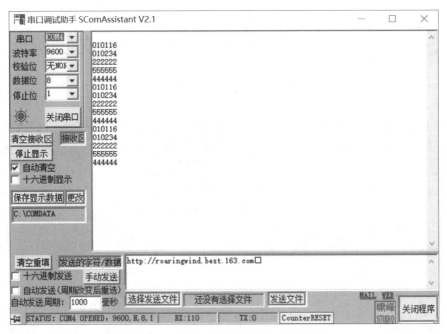

图 2-8　串口温湿度数据信息显示

（5）风扇控制。

打开串口调试助手，在发送区发送字符串"268"，单击"手动发送"按钮，则通过 PC 端向嵌入式智能网关串口发送"268"，终端采集控制板通过无线传感网络接收"268"字符串，然后控制风扇设备，实现打开或者关闭风扇，如图 2-9 所示。

项目
2

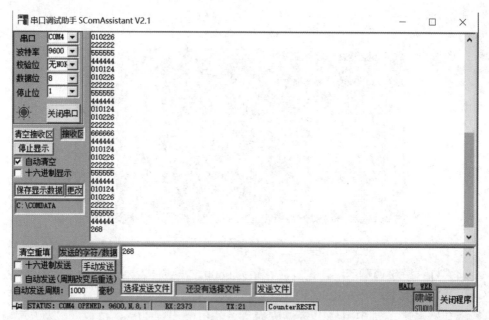

图 2-9 风扇控制命令串口发送

任务 2.2　基于 C# 温湿度采集风扇控制程序开发

2.2.1　任务描述

在上一个任务中，温湿度传感器节点将采集到的温湿度数据通过无线传感网络传输至嵌入式网关，通过 PC 端串口通信获取，在 PC 端发送风扇控制命令给嵌入式网关，通过无线方式控制风扇模块。本次任务通过 C# 编程实现对物联网设备平台上的温湿度传感器进行数据采集、数据处理和数据实时显示，并且根据采集到的温度和湿度环境数据与设定的阈值进行比较，完成对风扇的手动和联动模式控制，让读者通过实践掌握温湿度采集风扇控制程序的开发技术。

2.2.2　任务分析

温湿度采集风扇控制程序功能模块分成两个部分：一个是温湿度采集模块，另一个是风扇控制模块。项目功能模块设计结构图如图 2-10 所示。

1. 温湿度采集模块设计

温湿度采集模块包括温度数据采集和湿度数据采集。这里温湿度传感器实时采集温湿度数据信息，周期性地通过 ZigBee 网络发送至 ZigBee 协调器。当 ZigBee 协调器节点收到数据之后通过串口发送给 PC 机的 C# 上位机程序进行解析处理，并显示在 C# 的图形交互界面上。温湿度采集模块流程图如图 2-11 所示。

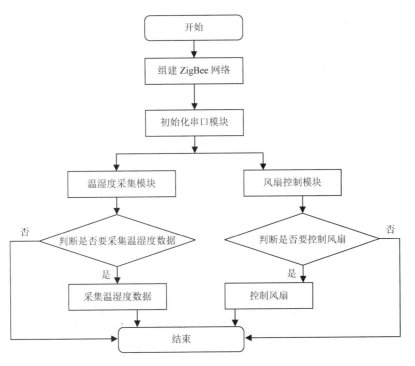

图 2-10　功能模块结构图

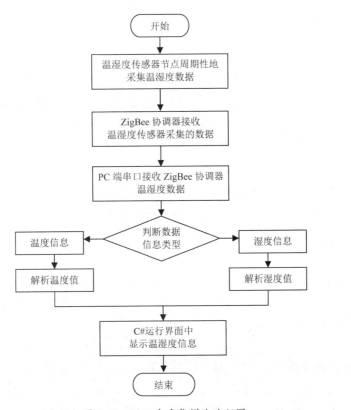

图 2-11　温湿度采集模块流程图

2．风扇控制模块设计

风扇控制模块是控制风扇的打开和关闭操作的模块。点击 C# 温湿度采集风扇控制程序界面上"风扇按钮"时，PC 端通过串口发送风扇控制命令信息给 ZigBee 协调器，再由 ZigBee 协调器通过无线传感网络发送至 ZigBee 终端通信节点，实现风扇打开和关闭控制。风扇控制模块流程图如图 2-12 所示。

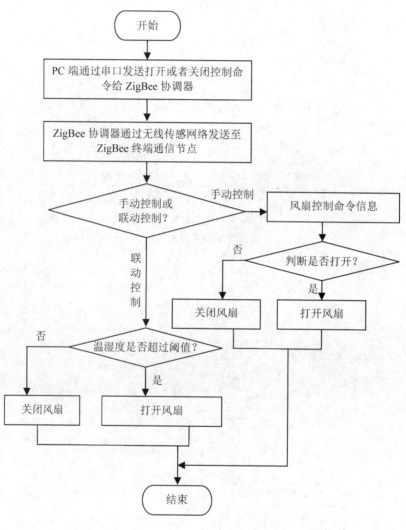

图 2-12　风扇控制模块流程图

2.2.3　操作方法与步骤

1．温湿度采集风扇控制程序窗体界面设计

（1）创建温湿度采集风扇控制程序工程项目。

打开 VS.NET 开发环境，在起始页的项目窗体界面中选择菜单中的"文件"→"新建"→"项目"选项，弹出"新建项目"对话框，如图 2-13 所示。在左侧项目类型列表中选择 Windows 选项，在右侧的模板中选择"Windows 窗体应用程序"选项，在下方的"名称"栏中输入将要开发的应用程序名 TempHumAutoApp，在"位置"栏中选择应用程序所保存的路径位置，最后单击"确定"按钮。

图 2-13 "新建项目"对话框

温湿度采集控制程序工程项目创建完成之后显示如图 2-14 所示的工程解决方案。

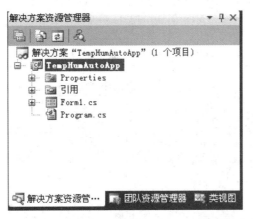

图 2-14 温湿度采集风扇控制程序工程项目解决方案

（2）温湿度采集风扇控制程序窗体界面设计。

1）选中整个 Form 窗体，然后在"属性"栏的 Text 中输入"温湿度采集程序"文本值，如图 2-15 所示。

图 2-15 设置窗体文本信息

2）在界面设计中，添加两个 Label 控件、一个 GroupBox 控件、一个 ComboBox 控件和一个 Button 控件，完成程序标题的显示设计和界面串口参数的选择，如图 2-16 所示。

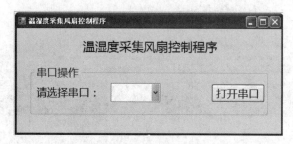

图 2-16 串口参数界面设计

3）在界面设计中，添加两个 Label 控件、一个 GroupBox 控件和两个 TextBox 控件，完成程序界面温湿度采集信息的实时显示设计，如图 2-17 所示。

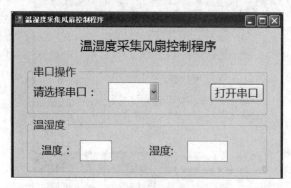

图 2-17 温湿度采集界面设计

4）添加两个 GroupBox 控件、两个 Button 控件、一个 CheckBox 控件、一个 ComboBox 控件、一个 PictureBox 控件和一个 NumericUpDown 控件，完成程序界面手动风扇控制和联动风扇控制设计，如图 2-18 所示。

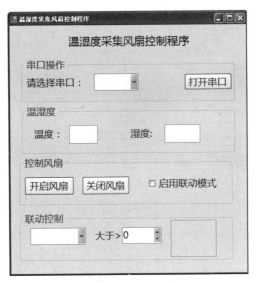

图 2-18　联动控制界面设计

5）从工具栏中选择一个定时器控制 timer，拖放到窗体界面上，设置相关属性和定时器事件，如图 2-19 所示。

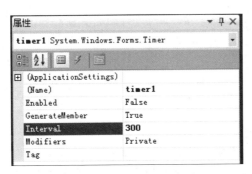

图 2-19　定时器属性设置

6）将主要控件进行规范命名和初始值设置，如表 2-1 所示。

表 2-1　程序主要控件说明

控件名称	命名	说明
ComboBox	comboPortName	设置串口名称，如 Com1、Com2、Com3
Button	buttonOpenCloseCom	打开或关闭串口按钮
TextBox	txtTemp	显示温度信息文本框
TextBox	txtHum	显示湿度信息文本框
GroupBox	gboxCom	串口操作组控件
GroupBox	gboxTemphum	温湿度操作组控件
Label	labeltitle	标题信息

控件名称	命名	说明
Button	btnFanon	开启风扇
Button	btnFanoff	关闭风扇
ComboBox	cbktemphum	选择温度或湿度
NumericUpDown	numericUpDown1	设置温度值或湿度值
CheckBox	cbkAutomode	复选按钮，启动联动控制
PictureBox	pictureBox1	图片显示
Timer	timer1	定时器控件

（2）添加图片资源。

1）右击项目并选择"添加"→"新建项"选项，如图 2-20 所示。

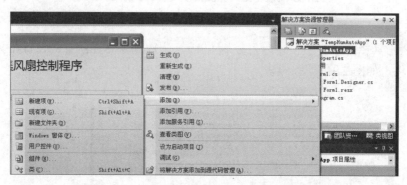

图 2-20　添加新建项

2）选择"资源文件"，使用默认命名，单击"添加"按钮，如图 2-21 所示。

图 2-21　添加资源文件

3）在 Resource1.resx 中，先选择"图像"选项，再依次选择"添加资源"→"添加现有文件"命令，如图 2-22 所示。

图 2-22　设置资源文件选项

4）打开现有文件添加对话框，如图 2-23 所示，然后选择程序中所需的图片，这里是风扇运行和风扇停止的图片。

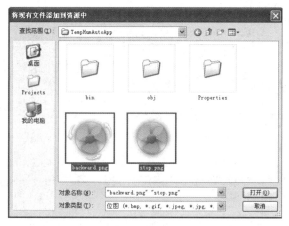

图 2-23　添加图片

图片添加完成之后，在资源文件中会显示所添加的图片，如图 2-24 所示。

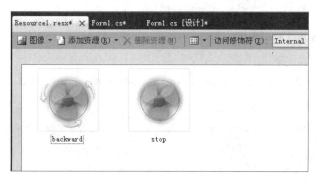

图 2-24　完成图片添加

2. 温湿度采集风扇控制程序功能实现

（1）Form1 窗体代码文件（Form1.cs）结构。

```csharp
using System;
using System.Collections.Generic;
using System.ComponentModel;
using System.Data;
using System.Drawing;
using System.Linq;
using System.Text;
using System.Threading.Tasks;
using System.Windows.Forms;
// 以上语句是自动生成的
using System.IO.Ports;    // 手动添加，包含串口相关的类

namespace TempHumAutoApp
{
    public partial class Form1 : Form
    {
        private SerialPort comm = new SerialPort();    // 新建一个串口变量
        string newstrdata = "";
        private bool IsAuto;
        private bool fan_on;
        public Form1()
        {
            InitializeComponent();
        }
        private void buttonOpenCloseCom_Click(object sender, EventArgs e)
        {

        }
        private void Form1_Load(object sender, EventArgs e)
        {
        }
        void comm_DataReceived(object sender, SerialDataReceivedEventArgs e)
        {
        }
        private void btnFanon_Click(object sender, EventArgs e)
        {
        }
        private void btnFanoff_Click(object sender, EventArgs e)
        {
        }
        private void cbkAutomode_CheckedChanged(object sender, EventArgs e)
        {
        }
        private void timer1_Tick(object sender, EventArgs e)
        {
        }
    }
}
```

（2）功能方法说明。

1）Form1_Load 方法。当窗体加载时，一方面执行串口类的 GetPortNames 方法，使之获得当前 PC 端可用的串口，并显示在下拉列表框中；另一方面添加事件处理函数 comm.DataReceived，使得当串口缓冲区有数据时执行 comm _DataReceived 方法读取串口数据并处理。代码具体实现如下：

```
string[] ports = SerialPort.GetPortNames();
    Array.Sort(ports);
    comboPortName.Items.AddRange(ports);
    comboPortName.SelectedIndex = comboPortName.Items.Count > 0 ? 0 : -1;
    // 初始化 SerialPort 对象
    comm.NewLine = "/r/n";
    comm.DataReceived += comm_DataReceived;
    cbktemphum.SelectedIndex = 0;
    fan_on = false;
    IsAuto = false;
```

2）打开或者关闭串口方法。单击"打开串口"按钮时执行打开串口方法。首先通过主界面窗体上的下拉列表框选择可用的串口，如串口名称 Com1，设置波特率为 9600，打开串口，再次单击"关闭串口"按钮时执行关闭串口方法。在该方法中将打开的串口对象进行关闭操作的代码具体实现如下：

```
private void buttonOpenCloseCom_Click(object sender, EventArgs e)
{
    // 根据当前串口对象来判断操作
    if (comm.IsOpen)
    {
        comm.Close();
        txtHum.Text = "";
        txtTemp.Text = "";
    }
    else
    {
        // 关闭时点击，设置好端口、波特率后打开
        comm.PortName = comboPortName.Text;
        comm.BaudRate = 9600;
        try
        {
            comm.Open();
        }
        catch (Exception ex)
        {
            // 捕获到异常信息，创建一个新的 comm 对象
            comm = new SerialPort();
            // 显示异常信息给客户
            MessageBox.Show(ex.Message);
        }
    }
```

```
        // 设置按钮的状态
        buttonOpenCloseCom.Text = comm.IsOpen ? " 关闭串口 " : " 打开串口 ";
    }
```

3）读串口数据方法。当串口缓冲区有数据时，执行 comm_DataReceived 方法读
串口数据。从串口读出数据之后，首先判断数据是否为空，当不为空时，再判断字符
串是否以 "0101" 开始，如果是，则取 0101 的后面两位字符，它们是温度数据；然后
判断 "0102" 字符串是否存在，如果存在，则取 0102 的后面两位字符，它们是湿度数
据。代码具体实现如下：

```
void comm_DataReceived(object sender, SerialDataReceivedEventArgs e)
{
    this.BeginInvoke(new Action(() =>
    {
        string serialdata = comm.ReadExisting();
        newstrdata += serialdata;
        if (newstrdata.LastIndexOf("0101") >= 0)
        {
            int tempindex = newstrdata.LastIndexOf("0101");
            if (newstrdata.Substring(tempindex).Length >= 6)
            {
                txtTemp.Text = newstrdata.Substring(tempindex + 4, 2);
            }
        }
        if (newstrdata.LastIndexOf("0102") >= 0)
        {
            int humindex = newstrdata.LastIndexOf("0102");
            if (newstrdata.Substring(humindex).Length >= 6)
            {
                txtHum.Text = newstrdata.Substring(humindex + 4, 2);
            }
        }
    }
    ), null);
}
```

4）风扇开启方法。单击 btnFanon 按钮时，执行风扇打开操作。首先判断串口是
否打开，如果串口打开，则向串口发送字符串 "267"，成功之后 "风扇开启" 按钮不
可用。代码具体实现如下：

```
private void btnFanon_Click(object sender, EventArgs e)
{
    if (IsAuto == false && comm.IsOpen)
    {
        if (!fan_on)
        {
            comm.Write("267");
            System.Threading.Thread.Sleep(500);
            btnFanon.Enabled = false;
            btnFanoff.Enabled = true;
```

```
            fan_on = true;
        }
    }
}
```

5）风扇关闭方法。单击 btnFanoff 按钮时，执行风扇关闭。首先判断串口是否打开，如果串口打开，则向串口发送字符串"267"，成功之后"风扇关闭"按钮不可用。代码具体实现如下：

```
private void btnFanoff_Click(object sender, EventArgs e)
{
    if (IsAuto == false && comm.IsOpen)
    {
        if (fan_on)
        {
            comm.Write("267");
            System.Threading.Thread.Sleep(500);
            btnFanoff.Enabled = false;
            btnFanon.Enabled = true;
            fan_on = false;
        }
    }
}
```

6）联动开启和关闭方法。当选择"启动联动模式"选项时，开启定时器 timer 执行联动操作，设置 IsAuto 值为 true；取消选择"联动模式"选项时，关闭定时器 timer 执行联动停止操作，设置 IsAuto 值为 false。功能代码如下：

```
private void cbkAutomode_CheckedChanged(object sender, EventArgs e)
{
    if (cbkAutomode.Checked)
    {
        IsAuto = true;
        btnFanon.Enabled = false;
        btnFanoff.Enabled = false;
        timer1.Enabled = true;
    }
    else
    {
        IsAuto = false;
        if (!fan_on)
        {
            btnFanon.Enabled = true;
            btnFanoff.Enabled = false;
        }
        else
        {
            if (fan_on)
                comm.Write("267");
            System.Threading.Thread.Sleep(500);
            fan_on = false;
```

```
                btnFanon.Enabled = true;
                btnFanoff.Enabled = false;
            }
            timer1.Enabled = false;
        }
    }
```

7）定时器操作方法。当定时器 timer 开启之后执行此方法，首先将温湿度设置文本框中的数值与当前的温湿度值进行比较，如果当前温度值大于设置的温度值，开启风扇，否则关闭风扇。代码具体实现如下：

```
private void timer1_Tick(object sender, EventArgs e)
{
    if (IsAuto == true && comm.IsOpen)
    {
        if (cbktemphum.SelectedIndex == 0)
        {
            int temp = Convert.ToInt32(txtTemp.Text);
            int settemp = (int)this.numericUpDown1.Value;
            if (temp > settemp)
            {
                if (!fan_on)
                {
                    comm.Write("267");
                    System.Threading.Thread.Sleep(500);
                    fan_on = true;
                    this.pictureBox1.Image = TempHumAutoApp.Resource1.backward;
                }
            }
            else
            {
                if (fan_on)
                {
                    comm.Write("267");
                    System.Threading.Thread.Sleep(500);
                    fan_on = false;
                    this.pictureBox1.Image = TempHumAutoApp.Resource1.stop;
                }
            }
        }
        else
            if (cbktemphum.SelectedIndex == 1)
            {
                int hum = Convert.ToInt32(txtHum.Text);
                int sethum = (int)this.numericUpDown1.Value;
                if (hum > sethum)
                {
                    if (!fan_on)
                    {
                        comm.Write("267");
                        System.Threading.Thread.Sleep(500);
                    this.pictureBox1.Image = TempHumAutoApp.Resource1.backward;
```

```
                        fan_on = true;
                    }
                }
                else
                {
                    if (fan_on)
                    {
                        comm.Write("267");
                        System.Threading.Thread.Sleep(500);
                        this.pictureBox1.Image = TempHumAutoApp.Resource1.stop;
                        fan_on = false;
                    }
                }
            }
        }
```

3. 温湿度采集风扇控制程序调试与运行

（1）打开物联网设备电源，将 USB 线缆一端插入到如图 2-25 所示的 USB 接口中，另一端接入到 PC 端 USB 接口中。

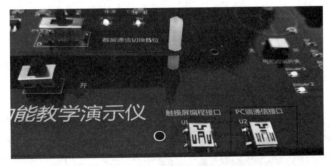

图 2-25 USB 线缆接入设备 USB 接口

（2）在 PC 端中，右击"我的电脑"，在快捷菜单中选择"设备管理器"选项，如图 2-26 所示。

图 2-26 右键快捷菜单

（3）打开设备管理器，找到"端口（COM 和 LPT）"选项，展开选项之后出现如图 2-27 所示的设备串口，这里为 USB-SERIAL CH340(COM1)，串口名称为 COM1。

图 2-27　获取设备串口名称

（4）将功能开关挡位切换到"PC 端"挡之后即可通过 PC 机对物联网设备中的温湿度传感器进行数据采集和风扇控制，如图 2-28 所示。

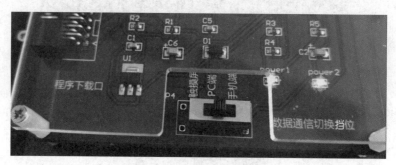

图 2-28　设备端与 PC 通信的挡位

（5）在 PC 端双击"温湿度采集风扇控制程序"运行温湿度采集风扇控制程序，主界面如图 2-29 所示。

（6）根据前面所显示的串口名称，这里选择串口 COM1，单击"打开串口"按钮，运行界面上会显示当前的温度和湿度数据，如图 2-30 所示。

（7）当单击"开启风扇"按钮后，物联网设备终端控制节点中的风扇开始运行转动，如图 2-31 所示。

（8）当单击"关闭风扇"按钮后，物联网设备终端控制节点中的风扇停止转动，如图 2-32 所示。

图 2-29 运行温湿度采集风扇控制程序 图 2-30 窗体显示温湿度采集和风扇控制功能

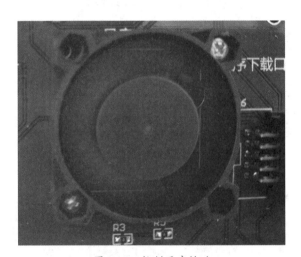

图 2-31 控制风扇转动

图 2-32 控制风扇停止

（9）在"联动控制"项中，选择"温度"进行比较，将温度数字框设置合适的阈值，这里设置为26℃，也就是说当前温度数值一旦大于26℃时，风扇立刻启动转动，如果温度小于等于26℃，风扇立刻停止转动。单击"启动联动模式"复选项，开始启动联动模式，如2-33所示。

图 2-33　联动控制功能

项目 3
基于 C# 光照度采集应用

🔊 项目情境

城市市政建设日新月异，宽阔的街道、各种各样的路灯在给城市带来光明的同时也增添了城市的夜间魅力。光控路灯系统通过光照度传感器实时采集光照数据，自动切换路灯的开关状态，不仅给行人带来更大的方便，还不需要人工操控，体现了现代科技的智能化，同时有效地降低了路灯管理和维护的费用，如图 3-1 所示。

图 3-1　光控路灯

🔍 学习目标

- 能正确使用设备通过串口通信获取光照度信息
- 理解光照度采集程序的功能结构
- 掌握光照度采集程序的功能设计
- 掌握光照度采集程序的功能实现
- 掌握光照度采集程序的调试和运行

任务 3.1　串口通信光照度传感器数据采集

3.1.1　任务描述

在本次任务中，首先用物联网多功能教学演示仪接入的光照度传感器对实训室的周边环境光照信息进行实时采集，然后通过 ZigBee 无线传感网络传输至嵌入式网关，最后通过计算机与嵌入式网关之间的串口通信方式将采集到的光照度数据实时显示在 PC 端串口调试助手上，光照度采集整体功能结构如图 3-2 所示。

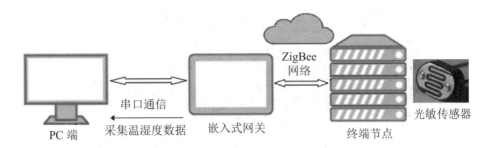

图 3-2　光照度采集整体功能结构

3.1.2　任务分析

光照度采集模块包括光照信息采集和显示，光照度传感器实时采集光照度信息并周期性地通过 ZigBee 网络发送至 ZigBee 协调器，当 ZigBee 协调器节点收到数据之后通过串口发送给 PC 机，最后在 PC 机的串口调试助手上进行实时显示，如图 3-3 所示。

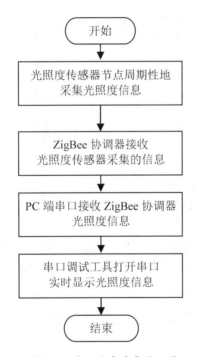

图 3-3　光照信息采集流程图

3.1.3　操作方法与步骤

（1）打开物联网设备电源，将 USB 线缆一端插入到如图 3-4 所示的 USB 接口中，另一端接入到 PC 端 USB 通信接口中。

（2）在 PC 端，右击"我的电脑"，在弹出的快捷菜单中选择"设备管理器"选项，如图 3-5 所示。

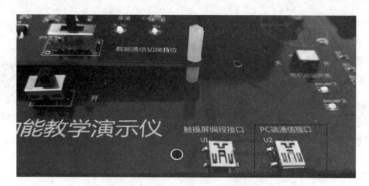

图 3-4　USB 线缆接入设备 USB 接口

图 3-5　PC 端设备管理器

（3）打开设备管理器，找到"端口（COM 和 LPT）"选项，展开选项之后出现如图 3-6 所示的设备串口，这里为 USB-SERIAL CH340(COM4)，串口名称为 COM4。

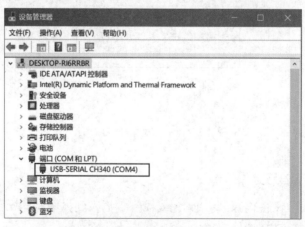

图 3-6　获取设备串口名称

（4）将功能开关挡位切换到"PC 端"挡之后即可通过 PC 机对物联网设备上的光

照度传感器进行数据采集和显示，如图 3-7 所示。

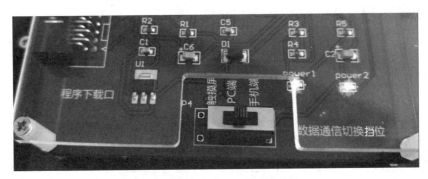

图 3-7　设备端与 PC 通信的挡位

串口通信采集的光照度传感器模块如图 3-8 所示。

图 3-8　光照度传感器模块

（5）打开串口调试助手，设置波特率为 9600，校验位为无，数据位为 8 位，停止位为 1 位，然后单击"打开串口"按钮，显示如图 3-9 所示的数据，222222 代表光照度传感器有光照，如果遮挡光照度传感器，则显示 111111，代表当前无光照。

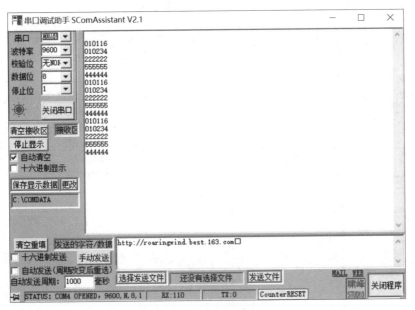

图 3-9　串口光照度数据显示

任务 3.2 基于 C# 光照度采集程序开发

3.2.1 任务描述

在上一个任务中，光照度传感器节点将采集到的光照度数据通过无线传感网络传输至嵌入式网关，然后嵌入式网关与计算机通过串口通信，将光照度信息实时显示在串口调试助手界面上。本次任务通过 C# 编程实现对物联网设备平台上光照度传感器的数据采集、数据处理和数据实时显示，让读者在本次项目实践中学到并掌握光照度采集程序开发技术。

3.2.2 任务分析

光照度采集程序功能是通过串口通信进行周期性温湿度数据采集，并在 C# 上位机界面上进行实时显示，程序功能模块设计结构图如图 3-10 所示。

光照度采集模块实时采集光照度数据信息，周期性地通过 ZigBee 网络发送至 ZigBee 协调器，当 ZigBee 协调器节点收到数据之后，通过串口发送给 PC 机的 C# 上位机程序进行解析处理，并在 C# 的图形交互界面上进行实时显示。光照度采集模块流程图如图 3-11 所示。

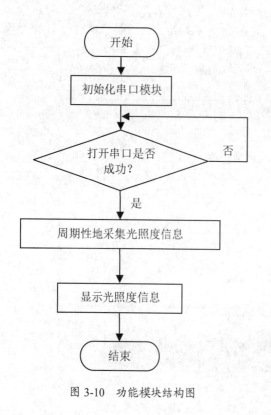

图 3-10　功能模块结构图

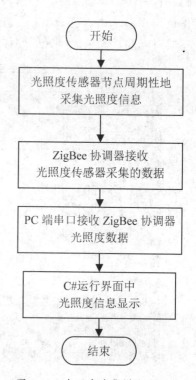

图 3-11　光照度采集模块流程图

3.2.3 操作方法与步骤

1. 光照度采集程序窗体界面设计

（1）创建光照度采集控制系统工程项目。

打开 VS.NET 开发环境，在起始页的项目窗体界面上选择菜单中的"文件"→"新建"→"项目"选项，弹出"新建项目"对话框，如图 3-12 所示，在左侧项目类型列表中选择 Windows 选项，在右侧的模板中选择"Windows 窗体应用程序"选项，在下方的"名称"栏中输入将要开发的应用程序名 LightApp，在"位置"栏中选择应用程序所保存的路径位置，最后单击"确定"按钮。

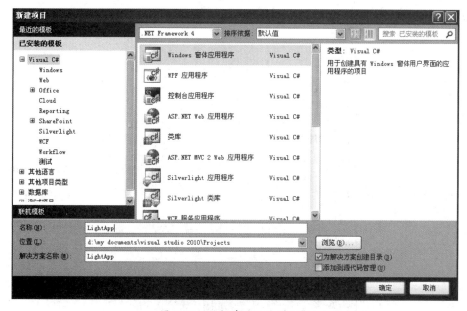

图 3-12 "新建项目"对话框

光照度采集程序工程项目创建完成之后显示如图 3-13 所示的工程解决方案。

图 3-13 光照度采集程序工程项目解决方案

（2）光照度采集程序窗体界面设计。

1）选中整个 Form 窗体，然后在"属性"栏的 Text 中输入光照度采集程序文本值，如图 3-14 所示。

2）在界面设计中，添加两个 Label 控件、一个 GroupBox 控件、一个 ComboBox 控件和一个 Button 控件，完成程序标题的显示和界面串口参数的选择，如图 3-15 所示。

 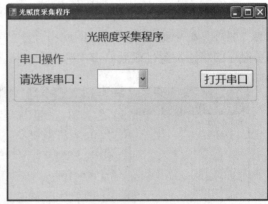

图 3-14　窗体文本信息设置　　　　图 3-15　串口界面设计

3）添加一个 Label 控件、一个 GroupBox 控件和一个 TextBox 控件，完成光照度采集信息的实时显示程序界面的设计，如图 3-16 所示。

图 3-16　光强信息界面设计

4）将主要控件进行规范命名和初始值设置，如表 3-1 所示。

表 3-1　程序主要控件说明

控件名称	命名	说明
ComboBox	comboPortName	设置串口名称，如 Com1、Com2、Com3
Button	buttonOpenCloseCom	打开或关闭串口按钮
TextBox	txtLight	显示光强度信息文本框
GroupBox	gboxCom	串口操作组控件

续表

控件名称	命名	说明
GroupBox	gboxTemphum	光强操作组控件
Label	labeltitle	标题信息
PictureBox	pictureBox1	图片控件显示

（3）添加图片资源。

1）右击项目，选择"添加"→"新建项"选项，再选择"资源文件"选项，默认命名，单击"添加"按钮，如图 3-17 所示。

图 3-17　添加资源文件

2）在 Resource1.resx 中，先选择"图像"选项，再选择"添加资源"→"添加现有文件"命令，如图 3-18 所示。

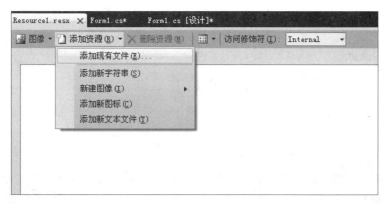

图 3-18　设置资源文件选项

3）打开现有文件添加对话框，如图 3-19 所示，然后选择程序中所需的图片，这里是风扇运行和风扇停止的图片。

图 3-19　添加图片

4）单击"打开"按钮，在资源文件中显示所添加的图片，如图 3-20 所示。

图 3-20　完成图片添加

2. 光照度采集程序功能实现

（1）Form1 窗体代码文件（Form1.cs）结构。

```csharp
using System;
using System.Collections.Generic;
using System.ComponentModel;
using System.Data;
using System.Drawing;
using System.Linq;
using System.Text;
using System.Threading.Tasks;
using System.Windows.Forms;
// 以上语句是自动生成的
```

```
using System.IO.Ports;   // 包含串口相关的类
namespace LightApp
{
  public partial class Form1 : Form
  {
    private SerialPort comm = new SerialPort();   // 新建一个串口变量
    string newstrdata = "";
    public Form1()
    {
      InitializeComponent();
    }
    private void buttonOpenCloseCom_Click(object sender, EventArgs e)
    {

    }
    private void Form1_Load(object sender, EventArgs e)
    {
    }
    void comm_DataReceived(object sender, SerialDataReceivedEventArgs e)
    {
    }
  }
}
```

（2）功能方法说明。

1）Form1_Load 方法。当窗体加载时，一方面执行串口类的 GetPortNames 方法，使之获得当前 PC 端可用的串口，并显示在下拉列表框中；另一方面添加事件处理函数 comm.DataReceived，使得当串口缓冲区有数据时执行 comm_DataReceived 方法读取串口数据并处理。代码具体实现如下：

```
private void Form1_Load(object sender, EventArgs e)
{
    string[] ports = SerialPort.GetPortNames();
    Array.Sort(ports);
    comboPortName.Items.AddRange(ports);
    comboPortName.SelectedIndex = comboPortName.Items.Count > 0 ? 0 : -1;
    // 初始化 SerialPort 对象
    comm.NewLine = "/r/n";
    comm.DataReceived += comm_DataReceived;
}
```

2）打开或者关闭串口方法。单击"打开串口"按钮时执行打开串口方法。通过主界面窗体上的下拉列表框选择可用的串口，如串口名称 Com1，设置波特率为 9600，打开串口，单击"关闭串口"按钮时执行关闭串口方法。在该方法中将打开的串口对象进行关闭操作的代码具体实现如下：

```
private void buttonOpenCloseCom_Click(object sender, EventArgs e)
{
    // 根据当前串口对象判断操作
    if (comm.IsOpen)
```

```
        {
            comm.Close();
        }
        else
        {
            // 关闭时点击，设置好端口、波特率后打开
            comm.PortName = comboPortName.Text;
            comm.BaudRate = 9600;
            try
            {
                comm.Open();
            }
            catch (Exception ex)
            {
                // 捕获到异常信息，创建一个新的 comm 对象
                comm = new SerialPort();
                // 显示异常信息给客户
                MessageBox.Show(ex.Message);
            }
        }
        // 设置按钮状态
        buttonOpenCloseCom.Text = comm.IsOpen ? " 关闭串口 " : " 打开串口 ";
    }
```

3）读串口数据方法。当串口缓冲区有数据时，执行 comm _DataReceived 方法读串口数据。从串口读出数据之后，首先判断数据是否以"222222"字符串开始。如果是，则表示当前有光照；如果数据是以"111111"字符串开始，则表示当前无光照。代码具体实现如下：

```
void  comm_DataReceived(object sender, SerialDataReceivedEventArgs e)
{
    this.BeginInvoke(new Action(() =>
    {
        string serialdata = comm.ReadExisting();
        newstrdata += serialdata;
        if (newstrdata.LastIndexOf("111111") >= 0)
        {
            txtlightflag.Text = " 无光照 ";
            this.pictureBox1.Image = LightApp.Resource1.lightOff;
            newstrdata = "";
        }
        if (newstrdata.LastIndexOf("222222") >= 0)
        {
            txtlightflag.Text = " 有光照 ";
            this.pictureBox1.Image = LightApp.Resource1.lightOn;
            newstrdata = "";
        }
    }), null);
}
```

项目 3 基于 C# 光照度采集应用

3．光照度采集程序调试与运行

（1）打开物联网设备电源，将 USB 线缆一端插入到如图 3-21 所示的 USB 接口中，另一端接入到 PC 端 USB 通信接口中。

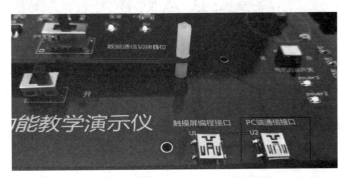

图 3-21　USB 线缆接入设备 USB 接口

（2）在 PC 端，右击"我的电脑"，在弹出的快捷菜单中选择"设备管理器"选项，如图 3-22 所示。

（3）打开设备管理器，找到"端口（COM 和 LPT）"选项，展开选项后出现如图 3-23 所示的设备串口，这里为 USB-SERIAL CH340(COM1)，串口名称为 COM1。

 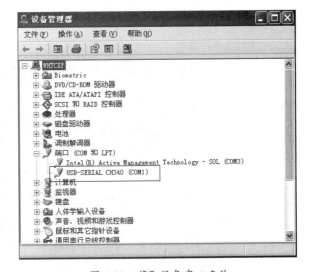

图 3-22　打开 PC 端设备管理器　　　　图 3-23　获取设备串口名称

（4）将功能开关挡位切换到"PC 端"挡之后即可通过 PC 机对物联网设备上的光照度进行数据采集和显示，如图 3-24 所示。

（5）在 PC 端双击"光照度采集程序"运行光照度采集程序，主界面如图 3-25 所示。

（6）根据前面所显示的串口名称，这里选择串口 COM1，单击"打开串口"按钮，运行界面上显示当前光照度信息，如果当前环境比较黑暗，则显示无光照，并且显示代表光线较弱的图片，如图 3-26 所示。

图 3-24 设备端与 PC 通信挡位

图 3-25 运行光照度采集程序

图 3-26 窗体显示无光照信息

（7）如果当前环境比较明亮，则显示有光照，并且显示代表光线较强的图片，如图 3-27 所示。

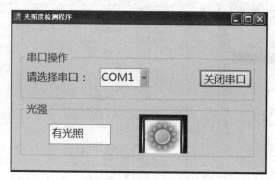

图 3-27 窗体显示有光照信息

项目 4
基于 C# 光照度采集步进电机控制应用

项目情境

随着生活水平的提高和时代的进步，人们对居住空间、周围环境有了更高的要求。为了解决每天用手拉开和关闭窗帘不便的问题，同时又显示出生活的便捷和档次，可以通过在窗口位置安装一个光照传感器，让它来自动采集光照强度参数，通过光照强度的变化来自动控制家中的步进电机（模拟窗帘）正转和反转，让家庭主人拥有一个良好的居住环境，如图 4-1 所示。

图 4-1　光照控制窗帘开启

学习目标

- 能正确使用设备通过串口通信获取光照度信息和控制步进电机
- 了解光照度采集和控制的应用场景
- 掌握光照度采集和步进电机控制程序的功能结构
- 掌握光照度采集和步进电机控制程序的功能设计
- 掌握光照度采集和步进电机控制程序的功能实现
- 掌握光照度采集和步进电机控制程序的调试和运行

任务 4.1　　串口通信光照度数据采集和步进电机控制

4.1.1　任务描述

本次任务是在前一个项目的基础上，利用物联网多功能教学演示仪中的光照度传感器对周边环境参数（光照信息）进行实时采集之后，通过 ZigBee 无线传感网络传输至嵌入式网关，然后通过串口通信方式显示在 PC 端串口调试助手上；另一方面可以在 PC 端串口调试助手上发出字符串控制命令到终端节点模块，控制步进电机模块的正转和反转。光照度采集和步进电机控制整体功能结构如图 4-2 所示。

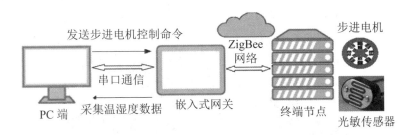

图 4-2　光照度采集和步进电机控制整体功能结构

4.1.2　任务分析

串口通信包含光照度采集和步进电机控制两个部分，一个是光照度采集模块，另一个是步进电机控制模块。光照度传感器实时采集光照度数据信息并周期性地通过 ZigBee 网络发送至 ZigBee 协调器，当 ZigBee 协调器节点收到数据之后通过串口发送给 PC 机，PC 端通过串口发送正转或者反转步进电机控制命令信息给 ZigBee 协调器，再由 ZigBee 协调器通过无线传感网络发送至 ZigBee 终端通信节点，实现步进电机的正转和反转控制，如图 4-3 所示。

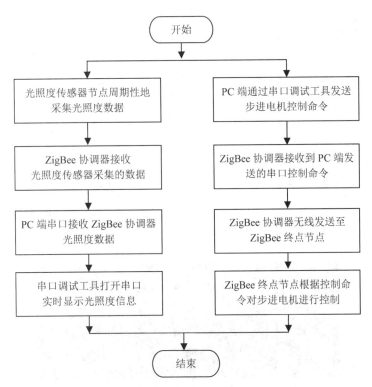

图 4-3　串口通信进行光照度采集和步进电机控制流程图

4.1.3 操作方法与步骤

（1）打开物联网设备电源，将 USB 线缆一端插入到如图 4-4 所示的 USB 接口中，另一端接入到 PC 端 USB 通信接口中。

图 4-4　USB 线缆接入设备 USB 接口

（2）在 PC 端，右击"我的电脑"，在弹出的快捷菜单中选择"设备管理器"选项，如图 4-5 所示。

（3）打开设备管理器，找到"端口（COM 和 LPT）"选项，展开选项之后出现如图 4-6 所示的设备串口，这里为 USB-SERIAL CH340(COM4)，串口名称为 COM4。

图 4-5　PC 端设备管理器

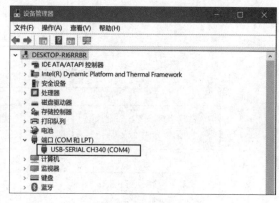

图 4-6　获取设备串口名称

（4）将功能开关挡位切换到"PC 端"挡之后即可通过 PC 机对物联网设备进行数据采集和控制，如图 4-7 所示。

图 4-7　设备端与 PC 通信的挡位

串口通信所使用的光照度传感器和步进电机控制模块如图 4-8 所示。

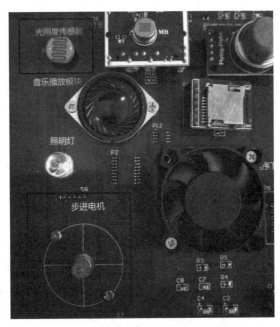

图 4-8　光照度传感器和步进电机控制模块

（5）打开串口调试助手，设置波特率为 9600，校验位为无，数据位为 8 位，停止位为 1 位，然后单击"打开串口"按钮，显示如图 4-9 所示的数据，222222 代表光照度传感器显示有光照；如果遮挡光照度传感器，则显示 111111，表示当前无光照。

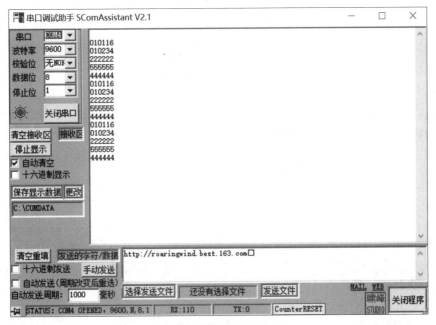

图 4-9　串口光照度数据显示

（6）步进电机控制。在串口调试助手发送区，发送字符串"297"或者"2A7"，单击"手动发送"按钮，则通过 PC 端向主控板串口发送"297"，这时终端采集控制板将通过无线传感网络接收"297"字符串，然后控制步进电机设备，控制电机正转或反转，如图 4-10 所示。

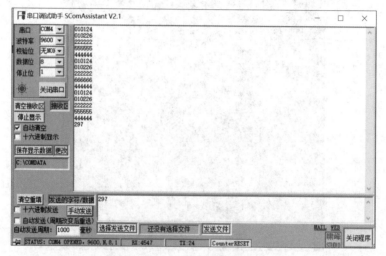

图 4-10　步进电机控制串口发送

任务 4.2　　基于 C# 光照度采集步进电机控制程序开发

4.2.1　任务描述

在上一个任务中，一方面温湿度传感器节点可以将采集到的光照度数据通过无线传感网络传输至嵌入式网关，通过 PC 端串口通信获取；另一方面在 PC 端发送步进电机控制命令给嵌入式网关，无线控制步进电机模块。本次任务通过 C# 编程实现对物联网设备平台上光照度传感器的数据采集、数据处理和数据实时显示，并将采集到的光照信息根据设定条件进行判断，从而实现自动控制步进电机（模拟电动窗帘马达）的正转、反转，让读者在本次项目实践中学到和掌握光照度采集步进电机控制程序的开发技术。

4.2.2　任务分析

光照度采集步进电机控制程序功能模块分成两个部分：一个是光照度采集模块，另一个是步进电机控制模块。软件功能模块设计结构图如图 4-11 所示。

（1）光照度采集模块设计。

光照度采集模块包括光照度数据采集和显示。这里光照度传感器实时采集光照度信息，周期性地通过 ZigBee 网络发送至 ZigBee 协调器。当 ZigBee 协调器节点收到数据之后，通过串口发送给 PC 机的 C# 上位机程序进行解析处理，并在 C# 的图形交互界面上进行显示。光照度采集模块流程图如图 4-12 所示。

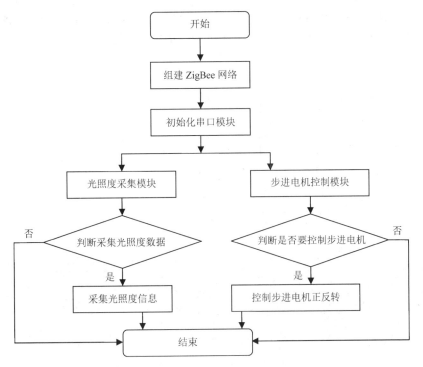

图 4-11　功能模块结构图

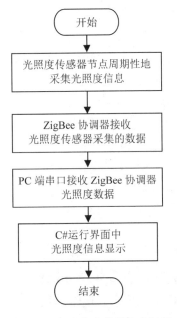

图 4-12　光照度采集模块流程图

（2）步进电机控制模块设计。

步进电机控制模块控制步进电机的正转和反转操作。当单击 C# 的光照度采集风扇控制程序界面上的步进电机按钮时，PC 端发送打开或者关闭控制命令信息给 ZigBee 协调器，再由 ZigBee 协调器通过无线传感网络发送至 ZigBee 终端通信节点，实现步进电机的正转和反转控制。步进电机控制模块流程图如图 4-13 所示。

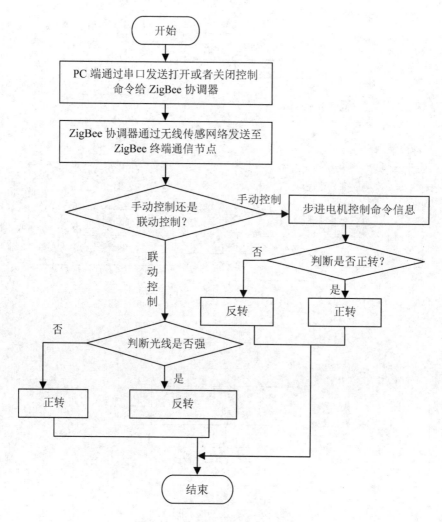

图 4-13　步进电机控制模块流程图

4.2.3　操作方法与步骤

1．光照度采集步进电机控制程序窗体界面设计

（1）创建光照度采集步进电机控制程序工程项目。

打开 VS.NET 开发环境，在起始页的项目窗体界面上选择菜单中的"文件"→"新

项目 4

建"→"项目"选项，弹出"新建项目"对话框，如图 4-14 所示。在左侧项目类型列表中选择 Windows 选项，在右侧的模板中选择"Windows 窗体应用程序"选项，在下方的"名称"栏中输入将要开发的应用程序名 LightAutoApp，在"位置"栏中选择应用程序所保存的路径位置，最后单击"确定"按钮。

图 4-14 "新建项目"对话框

光照度采集步进电机控制程序工程项目创建完成之后，显示如图 4-15 所示的工程解决方案。

图 4-15 光照度采集控制程序工程项目解决方案

（2）光照度采集步进电机控制程序窗体界面设计。

1）选中整个 Form 窗体，然后在"属性"栏的 Text 中输入光照度采集步进电机控制程序文本值，如图 4-16 所示。

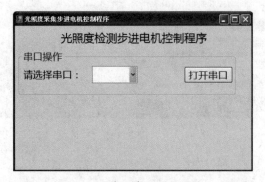

图 4-16　设置窗体文本信息

2）在界面设计中，添加两个 Label 控件、一个 GroupBox 控件、一个 ComboBox 控件和一个 Button 控件，完成程序标题的显示和界面串口参数的选择，如图 4-17 所示。

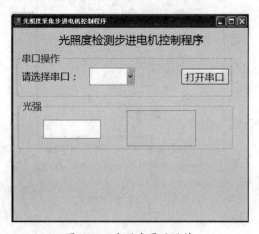

图 4-17　串口参数界面设计

3）添加一个 GroupBox 控件、一个 TextBox 控件和一个 PictureBox 图像控件，完成光照度采集信息的实时显示程序界面的设计，如图 4-18 所示。

图 4-18　光照度界面设计

4）添加两个 GroupBox 控件、两个 Button 按钮控件、一个 CheckBox 复选框控件和一个 PictureBox 图片控件，完成手动步进电机控制和联动步进电机控制程序界面的设计，如图 4-19 所示。

图 4-19　联动控制界面设计

5）从工具栏中选择一个定时器控制 timer，拖放到窗体界面上并设置相关属性和定时器事件，如图 4-20 所示。

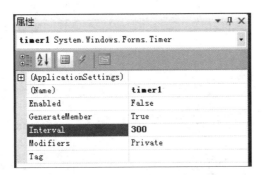

图 4-20　定时器属性设置

6）将主要控件进行规范命名和初始值设置，如表 4-1 所示。

表 4-1　程序主要控件说明

控件名称	命名	说明
ComboBox	comboPortName	设置串口名称，如 Com1、Com2、Com3
Button	buttonOpenCloseCom	打开或关闭串口按钮
TextBox	txtlightflag	显示光照信息文本框
GroupBox	gboxCom	串口操作组控件

续表

控件名称	命名	说明
GroupBox	gboxLight	光照度操作组控件
GroupBox	gboxStep	步进电机操作组控件
Label	labeltitle	标题信息
Button	btnStepon	正转步进电机
Button	btnStepoff	反转步进电机
CheckBox	cbkAutomode	选中复选按钮，启动联动控制
PictureBox	pictureBox1	图片显示
PictureBox	pictureBox2	图片显示
Timer	timer1	定时器控件

（3）图片资源。

1）右击项目，选择"添加"→"新建项"选项，如图 4-21 所示。

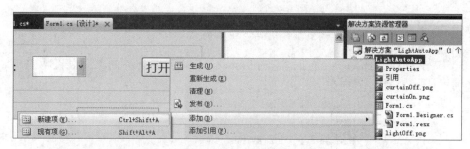

图 4-21　添加新建项

2）选择"资源文件"，使用默认命名，单击"添加"按钮，如图 4-22 所示。

图 4-22　添加资源文件

3）在 Resource1.resx 中，先选择"图像"选项，再选择"添加资源"→"添加现有文件"命令，如图 4-23 所示。

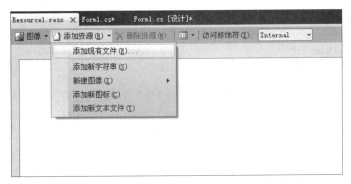

图 4-23　设置资源文件选项

4）打开现有文件添加对话框，如图 4-24 所示，然后选择程序中所需的图片。这里是光线图片和模拟步进电机正转和反转的图片。

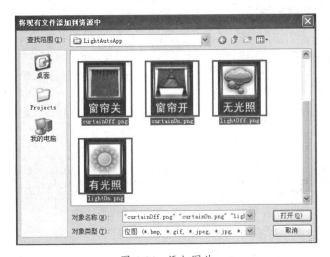

图 4-24　添加图片

5）单击"打开"按钮，在资源文件中显示所添加的图片，如图 4-25 所示。

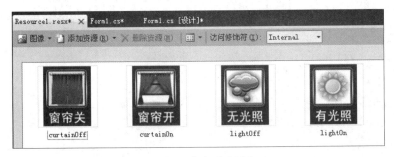

图 4-25　完成图片添加

2. 光照度采集步进电机控制程序功能实现

（1）Form1 窗体代码文件（Form1.cs）结构。

```csharp
using System;
using System.Collections.Generic;
using System.ComponentModel;
using System.Data;
using System.Drawing;
using System.Linq;
using System.Text;
using System.Threading.Tasks;
using System.Windows.Forms;
// 以上语句是自动生成的

using System.IO.Ports;    // 手动添加，包含串口相关的信息类
namespace LightAutoApp
{
    public partial class Form1 : Form
    {
        private SerialPort comm = new SerialPort();    // 新建一个串口变量
        string newstrdata = "";
        private bool IsAuto;
        private bool step_on;
        public Form1()
        {
            InitializeComponent();
        }
        private void timer1_Tick(object sender, EventArgs e)
        {

        }
        private void buttonOpenCloseCom_Click(object sender, EventArgs e)
        {
        }
        private void btnStepon_Click(object sender, EventArgs e)
        {
        }
        private void btnStepoff_Click(object sender, EventArgs e)
        {
        }
        private void cbkAutomode_CheckedChanged(object sender, EventArgs e)
        {
        }
        private void Form1_Load(object sender, EventArgs e)
        {
        }
        void comm_DataReceived(object sender, SerialDataReceivedEventArgs e)
        {
        }
    }
}
```

（2）功能方法说明。

1）Form1_Load 方法。当窗体加载时，一方面执行串口类的 GetPortNames 方法，使之获得当前 PC 端可用的串口，并显示在下拉列表框中；另一方面添加事件处理函数 comm.DataReceived，使得当串口缓冲区有数据时执行 comm_DataReceived 方法读取串口数据并处理。代码具体实现如下：

```
private void Form1_Load(object sender, EventArgs e)
{
    string[] ports = SerialPort.GetPortNames();
    Array.Sort(ports);
    comboPortName.Items.AddRange(ports);
    comboPortName.SelectedIndex = comboPortName.Items.Count > 0 ? 0 : -1;
    // 初始化 SerialPort 对象
    comm.NewLine = "/r/n";
    comm.DataReceived += comm_DataReceived;
}
```

2）打开或者关闭串口方法。单击"打开串口"按钮时执行打开串口方法。通过主界面窗体上的下拉列表框选择可用的串口，如串口名称 Com1，设置波特率为 9600，打开串口，单击"关闭串口"按钮时执行关闭串口方法，在该方法中将打开的串口对象进行关闭操作，代码具体实现如下：

```
private void buttonOpenCloseCom_Click(object sender, EventArgs e)
{
    // 根据当前串口对象来判断操作
    if (comm.IsOpen)
    {
        comm.Close();
    }
    else
    {
        // 关闭时单击，设置好端口、波特率后打开
        comm.PortName = comboPortName.Text;
        comm.BaudRate = 9600;
        try
        {
            comm.Open();
        }
        catch (Exception ex)
        {
            // 捕获到异常信息，创建一个新的 comm 对象
            comm = new SerialPort();
            // 显示异常信息给客户
            MessageBox.Show(ex.Message);
        }
    }
    // 设置按钮的状态
    buttonOpenCloseCom.Text = comm.IsOpen ? " 关闭串口 " : " 打开串口 ";
}
```

3）读串口数据方法。当串口缓冲区有数据时执行 comm _DataReceived 读串口数据。从串口读出数据之后，首先判断数据是否以"222222"字符串开始。如果是，表示当前有光照；如果数据是以"111111"字符串开始，表示当前无光照。代码具体实现如下：

```
Void  comm_DataReceived(object sender, SerialDataReceivedEventArgs e)
{
    this.BeginInvoke(new Action(() =>
    {
        string serialdata = comm.ReadExisting();
        newstrdata += serialdata;
        if (newstrdata.LastIndexOf("111111") >= 0)
        {
            txtlightflag.Text = " 无光照 ";
            this.pictureBox1.Image = LightApp.Resource1.lightOff;
            newstrdata = "";
        }
        if (newstrdata.LastIndexOf("222222") >= 0)
        {
            txtlightflag.Text = " 有光照 ";
            this.pictureBox1.Image = LightApp.Resource1.lightOn;
            newstrdata = "";
        }
    }), null);
}
```

4）步进电机正转方法。单击 btnStepon 按钮时，执行步进电机正转命令。首先判断串口是否打开，如果串口打开，则向串口发送字符串"297"，成功之后步进电机正转按钮不可用。代码具体实现如下：

```
private void btnStepon_Click(object sender, EventArgs e)
{
    if (IsAuto == false && comm.IsOpen)
    {
        if (!step_on)
        {
            comm.Write("297");
            System.Threading.Thread.Sleep(500);
            btnStepon.Enabled = false;
            btnStepoff.Enabled = true;
            step_on = true;
        }
    }
}
```

5）步进电机反转方法。单击 btnStepoff 按钮时，执行风扇关闭命令。首先判断串口是否打开，如果串口打开，则向串口发送字符串"2A7"，成功之后步进电机反转按钮不可用。代码具体实现如下：

```
private void btnStepoff_Click(object sender, EventArgs e)
{
```

```
    if (IsAuto == false && comm.IsOpen)
    {
        if (step_on)
        {
            comm.Write("2A7");
            System.Threading.Thread.Sleep(500);
            btnStepoff.Enabled = false;
            btnStepon.Enabled = true;
            step_on = false;
        }
    }
}
```

6）联动开启和关闭方法。当选择"启用联动模式"选项时，开启定时器 timer 执行联动操作，设置 IsAuto 值为 true；当取消选择"启用联动模式"选项时，关闭定时器 timer 执行联动停止操作，设置 IsAuto 值为 false，功能代码如下：

```
private void cbkAutomode_CheckedChanged(object sender, EventArgs e)
{
    if (cbkAutomode.Checked)
    {
        IsAuto = true;
        btnStepon.Enabled = false;
        btnStepoff.Enabled = false;
        timer1.Enabled = true;
    }
    else
    {
        IsAuto = false;
        btnStepon.Enabled = true;
        btnStepoff.Enabled = true;
        timer1.Enabled = false;
    }
}
```

7）定时器操作方法。当定时器 timer 开启之后执行此方法，首先根据光照度设置文本框中的信息值进行判断，如果当前有光照，步进电机正转，否则反转。

```
private void timer1_Tick(object sender, EventArgs e)
{
    if (IsAuto == true && comm.IsOpen)
    {
        if (txtlightflag.Text == " 无光照 ")
        {
            if (!step_on)
            {
                comm.Write("297");
                System.Threading.Thread.Sleep(500);
                step_on = true;
                this.pictureBox2.Image = LightAutoApp.Resource1.curtainOff;
            }
        }
```

```
        else
        {
          if (txtlightflag.Text == " 有光照 ")
          {
            if (step_on)
            {
              comm.Write("2A7");
              System.Threading.Thread.Sleep(500);
              step_on = false;
              this.pictureBox2.Image = LightAutoApp.Resource1.curtainOn;
            }
          }
        }
      }
    }
```

3. 光照度采集步进电机控制程序调试与运行

（1）打开物联网设备电源，将 USB 线缆一端插入到如图 4-26 所示的 USB 接口中，另一端接入到 PC 端 USB 通信接口中。

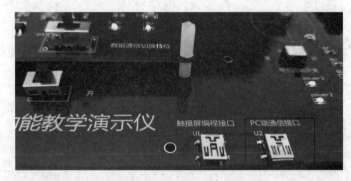

图 4-26 USB 线缆接入设备 USB 接口

（2）在 PC 端，右击"我的电脑"，在弹出的快捷菜单中选择"设备管理器"选项，如图 4-27 所示。

图 4-27 打开 PC 端设备管理器

（3）打开设备管理器，找到"端口（COM 和 LPT）"选项，展开选项之后出现如图 4-28 所示的设备串口，这里为 USB-SERIAL CH340(COM1)，串口名称为 COM1。

图 4-28　获取设备串口名称

（4）将功能开关挡位切换到"PC 端"挡之后即可通过 PC 机对物联网设备中的光照度传感器进行数据采集和步进电机进行控制，如图 4-29 所示。

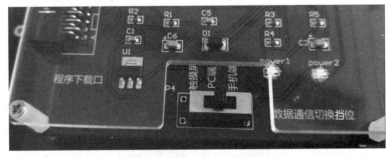

图 4-29　设备端与 PC 通信挡位

（5）在 PC 端双击运行光照度采集控制程序，运行光照度检测步进电机控制程序，主界面如图 4-30 所示。

（6）根据前面所显示的串口名称，这里选择串口 COM1 口，单击"打开串口"按钮，运行界面上显示当前的光照度信息，如图 4-31 所示。

（7）当单击"正转步进电机"按钮或者"反转步进电机"按钮之后，物联网设备终端控制节点中的步进电机开始正转或者反转一定圈数，如图 4-32 所示。

（8）在"联动控制"选项中（如图 4-33 所示），选择"启用联动模式"选项之后，如果当前环境光照较弱，显示无光照信息时，步进电机立刻顺时针转动。

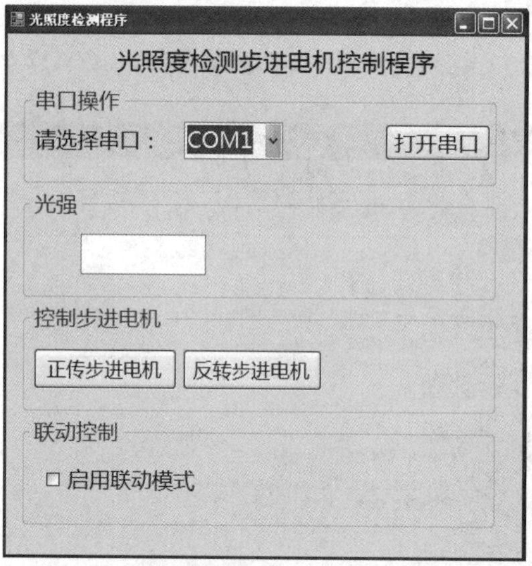

图 4-30 运行光照度采集步进电机控制程序

图 4-31 窗体显示光照度信息

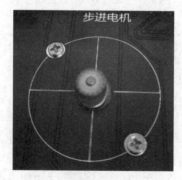

图 4-32 步进电机转动

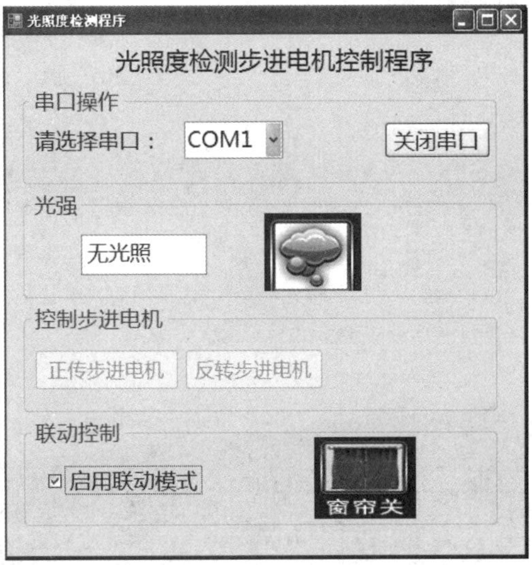

图 4-33　光照联动控制

（9）如果当前环境光照较强，显示有光照信息时，步进电机立刻逆时针转动，如图 4-34 所示。

图 4-34　光照联动控制

项目 5
基于 C# 人体红外检测应用

项目情境

随着社会的发展，各种方便于生活的自动控制系统开始进入了人们的生活，以热释电红外传感器为核心的自动门系统就是其中之一。感应自动门是广泛用于商店、酒店、企事业单位等场所的一种玻璃门，它利用热释电红外人体感应传感器特性，当有人靠近门口时，它会自动感应到人体，发出指令及时将门打开，如图 5-1 所示。

图 5-1　感应自动门

学习目标

- 能正确使用设备通过串口通信获取人体红外检测信息
- 理解人体红外检测程序的功能结构
- 掌握人体红外检测程序的功能设计
- 掌握人体红外检测程序的功能实现
- 掌握人体红外检测程序的调试和运行

任务 5.1　　串口通信人体红外数据采集

5.1.1　任务描述

在本次任务中，首先用物联网多功能教学演示仪接入的热释电人体红外传感器对实训室的周边环境中人体进行检测，然后通过 ZigBee 无线传感网络传输至嵌入式网关，最后通过计算机与嵌入式网关之间的串口通信方式将检测到的人体数据实时显示在 PC 端串口调试助手上，人体红外检测整体功能结构如图 5-2 所示。

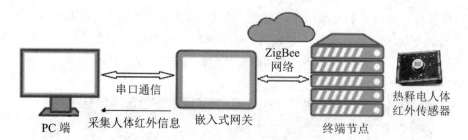

图 5-2　人体红外检测整体功能结构

5.1.2　任务分析

热释电人体红外采集模块包括人体红外信息采集和显示，这里人体红外传感器实时采集人体红外信息，周期性地通过 ZigBee 网络发送至 ZigBee 协调器，当 ZigBee 协调器节点收到数据之后，通过串口发送给 PC 机，最后在 PC 机的串口调试助手上进行实时显示，如图 5-3 所示。

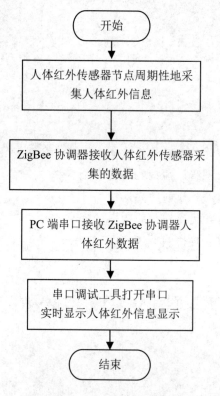

图 5-3　人体红外检测流程图

项目 5

5.1.3 操作方法与步骤

（1）打开物联网设备电源，将 USB 线缆一端插入到如图 5-4 所示的 USB 接口中，另一端接入到 PC 端 USB 通信接口中。

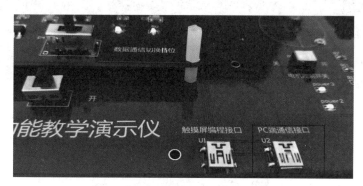

图 5-4 USB 线缆接入设备 USB 接口

（2）在 PC 端，右击"我的电脑"，在弹出的快捷菜单中选择"设备管理器"选项，如图 5-5 所示。

（3）打开设备管理器，找到"端口（COM 和 LPT）"选项，展开选项之后出现如图 5-6 所示的设备串口，这里为 USB-SERIAL CH340(COM4)，串口名称为 COM4。

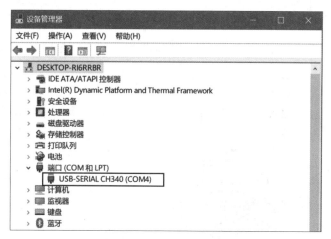

图 5-5 PC 端设备管理器　　　　　　　图 5-6 获取设备串口名称

（4）将功能开关挡位切换到"PC 端"挡之后即可通过 PC 机对物联网设备上热释电红外传感器进行数据采集和显示，如图 5-7 所示。

串口通信所使用的热释电人体红外传感器模块如图 5-8 所示。

（5）打开串口调试助手，设置波特率为 9600，校验位为无，数据位为 8 位，停止位为 1 位，然后单击"打开串口"按钮，显示如图 5-9 所示的数据，如果数据为 555555，代表人体红外传感器检测当前无人；如果数据为 666666，代表人体红外传感器检测当前有人。

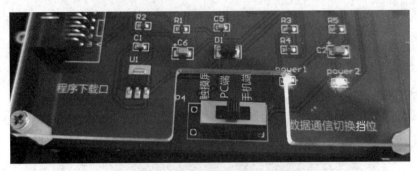

图 5-7　设备端与 PC 通信的挡位

图 5-8　热释电红外线传感器模块

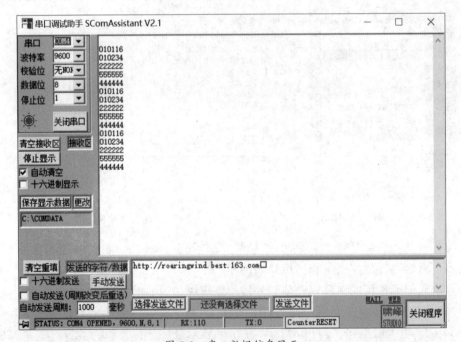

图 5-9　串口数据信息显示

任务 5.2　　基于 C# 人体红外检测程序开发

5.2.1　任务描述

在上一个任务中，热释电人体红外传感器节点将检测到的人体红外数据通过无线传感网络传输至嵌入式网关，然后嵌入式网关与计算机通过串口通信，将人体红外信息实时显示在串口调试助手界面上。本次任务通过 C# 编程实现通过物联网设备平台上热释电人体红外传感器进行数据采集、数据处理和数据实时显示，让读者在本次项目实践中学到和掌握人体红外检测程序开发技术。

5.2.2　任务分析

人体红外检测程序功能就是通过串口通信进行周期性人体红外信息采集，程序功能模块设计结构图如图 5-10 所示。

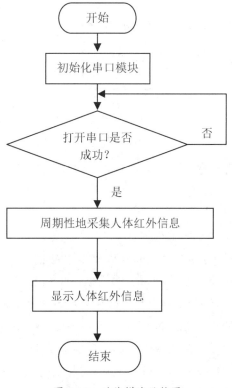

图 5-10　功能模块结构图

人体红外检测模块实现人体红外数据信息采集和显示。热释电人体红外传感器实时采集人体红外信息，周期性地通过 ZigBee 网络发送至 ZigBee 协调器，当 ZigBee 协调器节点收到数据之后，通过串口发送给 PC 机进行解析处理，并显示在 C# 的图形交互界面上。人体红外采集模块流程图如图 5-11 所示。

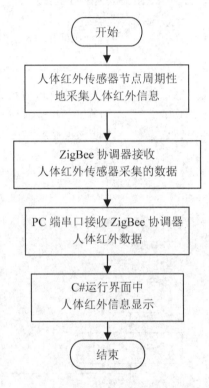

图 5-11 人体红外采集模块流程图

5.2.3 操作方法与步骤

1. 人体红外检测程序窗体界面设计

（1）创建人体红外检测程序工程项目。

打开 VS.NET 开发环境，在起始页的项目窗体界面中选择菜单中的"文件"→"新建"→"项目"选项，弹出"新建项目"对话框，如图 5-12 所示。在左侧项目类型列表中选择 Windows 选项，在右侧的模板中选择"Windows 窗体应用程序"选项，在下方的"名称"栏中输入将要开发的应用程序名 rentihongwaiApp，在"位置"栏中选择应用程序所保存的路径位置，最后单击"确定"按钮。

人体红外检测程序工程项目创建完成之后，显示如图 5-13 所示的工程解决方案。

（2）人体红外检测程序窗体界面设计。

1）选中整个 Form 窗体，然后在"属性"栏的 Text 中输入人体红外采集程序文本值，如图 5-14 所示。

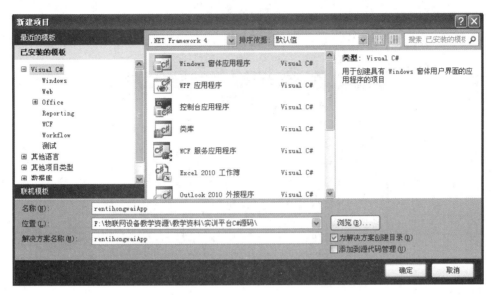

图 5-12 "新建项目"对话框

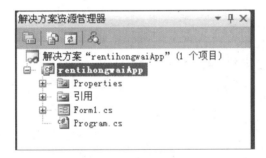

图 5-13 人体红外检测程序工程项目解决方案

图 5-14 窗体文本信息设置

2）在界面设计中，添加两个 Label 控件、一个 GroupBox 控件、一个 ComboBox 控件和一个 Button 控件，完成程序标题的显示和界面串口参数的选择，如图 5-15 所示。

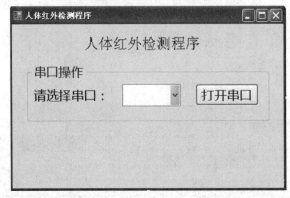

图 5-15　串口界面设计

3）添加一个 Label 控件、一个 GroupBox 控件和一个 TextBox 控件，完成人体红外采集信息的实时显示程序界面的设计，如图 5-16 所示。

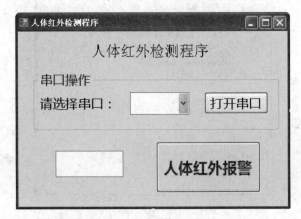

图 5-16　人体红外信息界面设计

4）将主要控件进行规范命名和初始值设置，如表 5-1 所示。

表 5-1　程序主要控件说明

控件名称	命名	说明
ComboBox	comboPortName	设置串口名称，如 Com1、Com2、Com3
Button	buttonOpenCloseCom	打开或关闭串口按钮
TextBox	txtPerson	显示人体红外信息文本框
GroupBox	gboxCom	串口操作组控件
Label	labeltitle	标题信息
Button	HongwaiBaoJing	按钮控件颜色显示

2. 人体红外检测程序功能实现

（1）Form1 窗体代码文件（Form1.cs）结构。

```
using System;
using System.Collections.Generic;
using System.ComponentModel;
using System.Data;
using System.Drawing;
using System.Linq;
using System.Text;
using System.Windows.Forms;
using System.IO.Ports;

namespace rentihongwaiApp
{
    public partial class Form1 : Form
    {
        private SerialPort comm = new SerialPort();    // 新建一个串口变量
        string newstrdata = "";
        public Form1()
        {
            InitializeComponent();
        }
        private void Form1_Load(object sender, EventArgs e)
        {
        }
        void comm_DataReceived(object sender, SerialDataReceivedEventArgs e)
        {
        }
        private void buttonOpenCloseCom_Click(object sender, EventArgs e)
        {
        }
    }
}
```

（2）功能方法说明。

1）Form1_Load 方法。当窗体加载时，一方面执行串口类的 GetPortNames 方法，使之获得当前 PC 端可用的串口，并显示在下拉列表框中；另一方面添加事件处理函数 comm.DataReceived，使得当串口缓冲区有数据时执行 comm _DataReceived 方法读取串口数据并处理。代码具体实现如下：

```
private void Form1_Load(object sender, EventArgs e)
{
    string[] ports = SerialPort.GetPortNames();
    Array.Sort(ports);
    comboPortName.Items.AddRange(ports);
    comboPortName.SelectedIndex = comboPortName.Items.Count > 0 ? 0 : -1;
    comm.DataReceived += comm_DataReceived;
}
```

2）打开或者关闭串口方法。单击"打开串口"按钮时执行打开串口方法。首先通过主界面窗体上的下拉列表框选择可用的串口，如串口名称 Com1，设置波特率为 9600，打开串口，单击"关闭串口"按钮时执行关闭串口方法。在该方法中将打开的串口对象进行关闭操作，代码具体实现如下：

```
private void buttonOpenCloseCom_Click(object sender, EventArgs e)
{
    // 根据当前串口对象来判断操作
    if (comm.IsOpen)
    {
        comm.Close();
    }
    else
    {
        // 关闭时点击，设置好端口、波特率后打开
        comm.PortName = comboPortName.Text;
        comm.BaudRate = 9600;
        try
        {
            comm.Open();
        }
        catch (Exception ex)
        {
            // 显示异常信息给客户
            MessageBox.Show(ex.Message);
        }
    }
    // 设置按钮的状态
    buttonOpenCloseCom.Text = comm.IsOpen ? " 关闭串口 " : " 打开串口 ";
}
```

3）读串口数据方法。当串口缓冲区有数据时，执行 comm_DataReceived 方法读串口数据。从串口读出数据之后，首先判断数据是否以"555555"字符串开始，如果是，则表示当前无人；如果数据是以"666666"字符串开始，则表示当前有人。代码具体实现如下：

```
void comm_DataReceived(object sender, SerialDataReceivedEventArgs e)
{
    this.BeginInvoke(new Action(() =>
    {
        string serialdata = comm.ReadExisting();
        newstrdata += serialdata;
        if (newstrdata.LastIndexOf("555555") >= 0)   // 判断是否无人
        {
            txtPerson.Text = " 当前无人 ";
            newstrdata = "";
            HongwaiBaoJing.BackColor = Color.GreenYellow;   // 保持绿色不变
        }
        if (newstrdata.LastIndexOf("666666") >= 0)   // 有人在人体红外传感器周围活动
        {
            txtPerson.Text = " 有人闯入 ";
```

```
            HongwaiBaoJing.BackColor = Color.Red;   //颜色变为红色
        }
    }), null);
}
```

3. 人体红外检测程序调试与运行

（1）打开物联网设备电源，将 USB 线缆一端插入到如图 5-17 所示的 USB 接口中，另一端接入到 PC 端 USB 通信接口中。

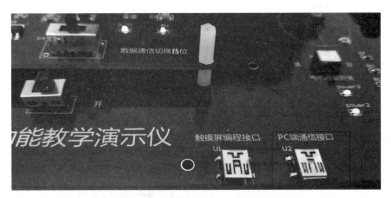

图 5-17　USB 线缆接入设备 USB 接口

（2）在 PC 端，右击"我的电脑"，在弹出的快捷菜单中选择"设备管理器"选项，如图 5-18 所示。

图 5-18　打开 PC 端设备管理器

（3）打开设备管理器，找到"端口（COM 和 LPT）"选项，展开选项之后出现如图 5-19 所示的设备串口，这里为 USB-SERIAL CH340(COM1)，串口名称为 COM1。

（4）将功能开关挡位切换到"PC 端"挡之后即可通过 PC 机物联网设备上的热释电红外传感器进行数据采集和显示，如图 5-20 所示。

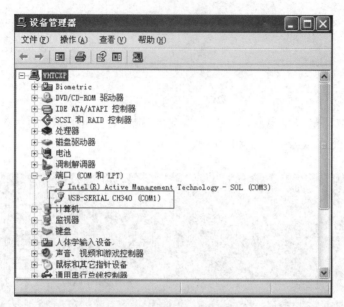

图 5-19　获取设备串口名称

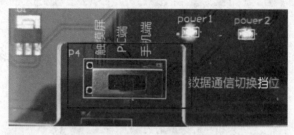

图 5-20　设备端与 PC 通信挡位

（5）在 PC 端双击"人体红外检测程序"运行"人体红外检测程序"，程序主界面如图 5-21 所示。

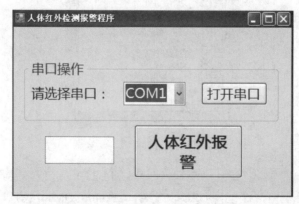

图 5-21　运行人体红外检测报警程序

（6）根据前面显示的串口名称，这里选择串口 COM1 口，单击"打开串口"按钮，此时运行界面上显示当前环境的人体信息。如果当前环境没有人体信息，则显示"当前无人"，并且显示代表人体红外报警的信息颜色为黄色图片，如图 5-22 所示。

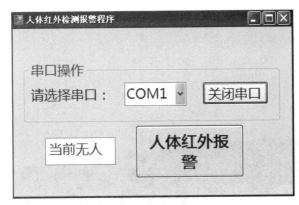

图 5-22　窗体界面显示无人信息

（7）如果当前环境检测到有人体信息时则显示"有人闯入"，并且显示代表人体红外报警的信息颜色为红色图片，如图 5-23 所示。

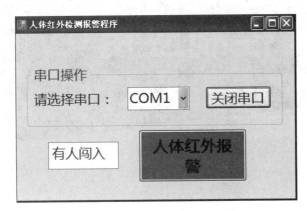

图 5-23　窗体界面显示有人信息

项目6
基于 C# 人体红外检测
继电器控制应用

🐾项目情境

随着人们生活水平的逐渐提高和环保事业的兴起，人们的环保意识也在逐渐提高，节能减排成为我们生产生活中必须要注意和重视的一个问题。人体感应照明灯通过热释电红外传感器对人体散发的微量红外线进行监控，达到人至灯亮、人走灯灭的效果，避免灯具长时间工作造成能源浪费，如图 6-1 所示。

图 6-1　人体红外传感器感应灯

🔍学习目标

- 能正确使用设备通过串口通信获取人体红外信息和控制继电器
- 了解人体红外信息采集和控制的应用场景
- 掌握人体红外检测和继电器控制程序的功能结构
- 掌握人体红外检测和继电器控制程序的功能设计
- 掌握人体红外检测和继电器控制程序的功能实现
- 掌握人体红外检测和继电器控制程序的调试和运行

任务 6.1　串口通信人体红外数据采集和继电器控制

6.1.1　任务描述

本次任务是在前一个项目的基础上，通过物联网多功能教学演示仪中的热释电人体红外传感器对周边环境人体散发的红外线进行检测，再通过 ZigBee 无线传感网络传输至嵌入式网关，然后通过串口通信方式显示在 PC 端串口调试助手上，也可以在 PC

端串口调试助手上发出字符串控制命令给终端节点模块，控制继电器模块的闭合或者断开。人体红外检测和继电器控制整体功能结构如图 6-2 所示。

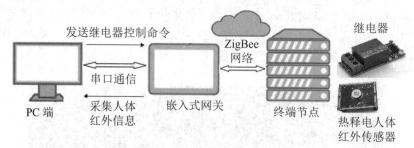

图 6-2　人体红外检测和继电器控制整体功能结构

6.1.2　任务分析

串口通信进行人体红外检测和继电器控制包含两个操作，一个由人体红外检测模块完成，另一个由继电器控制模块完成。人体红外传感器实时检测人体红外数据信息，并周期性地通过 ZigBee 网络发送至 ZigBee 协调器，当 ZigBee 协调器节点收到数据之后通过串口发送给 PC 机；PC 端通过串口发送继电器控制命令信息给 ZigBee 协调器，再由 ZigBee 协调器通过无线传感网络发送至 ZigBee 终端通信节点，实现继电器的闭合或者断开控制，如图 6-3 所示。

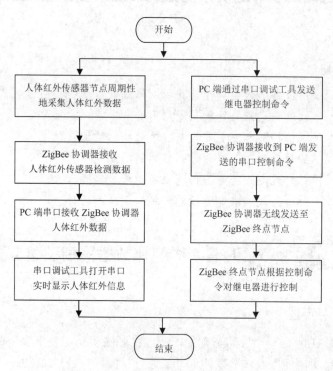

图 6-3　串口通信进行人体红外检测和继电器控制流程图

6.1.3 操作方法与步骤

（1）打开物联网设备电源，将 USB 线缆一端插入到如图 6-4 所示的 USB 接口中，另一端接入到 PC 端 USB 通信接口中。

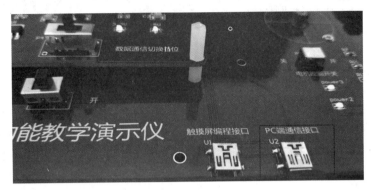

图 6-4 USB 线缆接入设备 USB 接口

（2）在 PC 端，右击"我的电脑"，在弹出的快捷菜单中选择"设备管理器"选项，如图 6-5 所示。

图 6-5 PC 端设备管理器

（3）打开设备管理器，找到"端口（COM 和 LPT）"选项，展开选项之后出现如图 6-6 所示的设备串口，这里为 USB-SERIAL CH340(COM4)，串口名称为 COM4。

（4）将功能开关挡位切换到"PC 端"挡之后即可通过 PC 机对物联网设备上的热释电人体红外传感器进行数据采集和继电器控制，如图 6-7 所示。

串口通信所使用的人体红外传感器和继电器控制模块如图 6-8 所示。

（5）打开串口调试助手，设置波特率为 9600，校验位为无，数据位为 8 位，停止位为 1 位，然后单击"打开串口"按钮，显示如图 6-9 所示的数据，如果数据值为 555555，代表人体红外传感器检测当前无人；如果数据值为 666666，代表人体红外传感器检测当前有人。

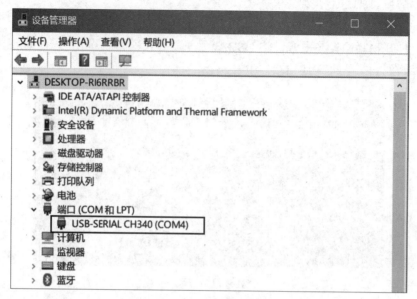

图 6-6　获取设备串口名称

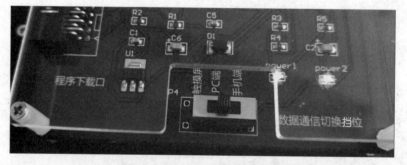

图 6-7　设备端与 PC 通信的挡位

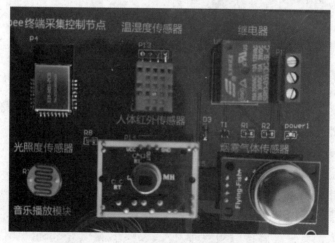

图 6-8　人体红外传感器和继电器控制模块

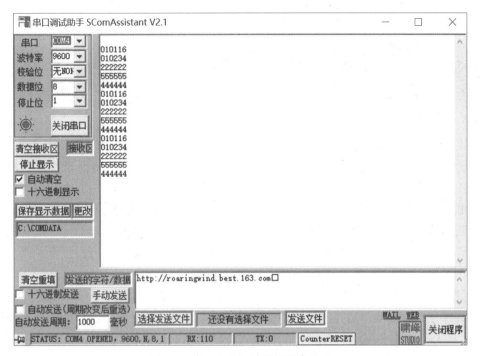

图 6-9　串口人体红外数据信息显示

（6）继电器控制。

在串口调试助手发送区发送字符串"287"，单击"手动发送"按钮，则通过 PC 端向主控板串口发送"287"，这时终端采集控制板将通过无线传感网络接收"287"字符串，然后控制继电器设备，打开或者关闭继电器，如图 6-10 所示。

图 6-10　继电器控制串口发送

任务 6.2　基于 C# 人体红外检测继电器控制程序开发

6.2.1　任务描述

在上一个任务中，热释电人体红外传感器节点可以将检测到的人体红外数据通过无线传感网络传输至嵌入式网关，通过 PC 端串口通信获取。另一方面可以在 PC 端发送继电器控制命令给嵌入式网关，无线控制继电器模块。本次任务通过 C# 编程实现对物联网设备平台上的人体红外传感器进行数据采集、数据处理和数据实时显示，并将检测到的人体红外信息根据条件进行判断，从而实现自动控制继电器闭合或者断开，让读者在本次项目实践中学到和掌握人体红外检测继电器控制程序开发技术。

6.2.2　任务分析

人体红外检测继电器控制程序功能模块分成两个部分：一个是人体红外检测模块，另一个是继电器控制模块，软件功能模块设计结构图如图 6-11 所示。

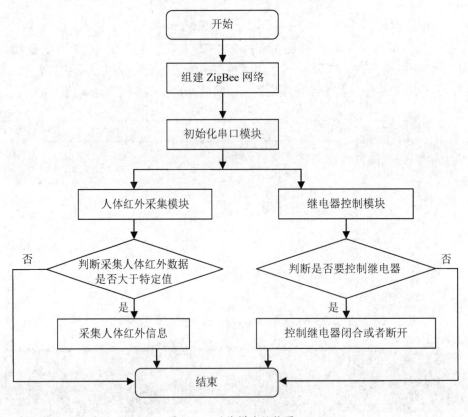

图 6-11　功能模块结构图

1. 人体红外检测模块设计

人体红外采集模块包括人体红外数据采集和显示。这里人体红外传感器实时采集人体红外信息，周期性地通过 ZigBee 网络发送至 ZigBee 协调器，当 ZigBee 协调器节点收到数据之后通过串口发送给 PC 机的 C# 上位机程序进行解析处理，并在 C# 的图形交互界面上进行显示。人体红外采集模块流程图如图 6-12 所示。

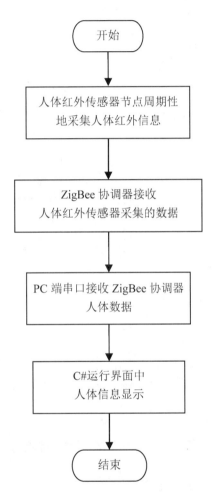

图 6-12 人体红外采集模块流程图

2. 继电器控制模块设计

继电器控制模块包括继电器的闭合和断开控制操作。当单击 C# 人体红外检测继电器控制程序界面上的"继电器"按钮时，PC 端发送打开或者关闭控制命令信息给 ZigBee 协调器，再由 ZigBee 协调器通过无线传感网络发送至 ZigBee 终端通信节点，实现继电器的闭合和断开控制。继电器控制模块流程图如图 6-13 所示。

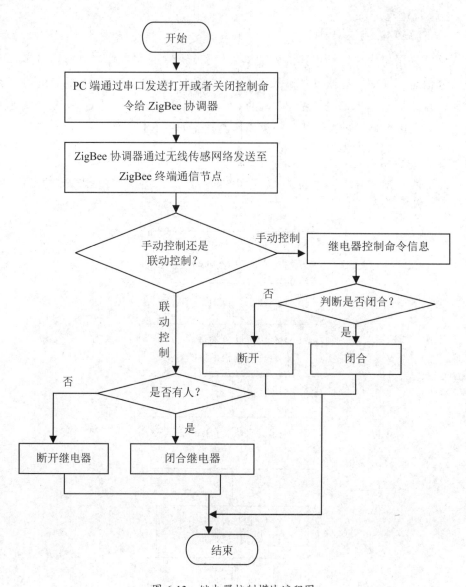

图 6-13　继电器控制模块流程图

6.2.3　操作方法与步骤

1．人体红外检测继电器控制程序窗体界面设计

（1）创建人体红外检测继电器控制程序工程项目。

打开 VS.NET 开发环境,在起始页的项目窗体界面上选择菜单中的"文件"→"新建"→"项目"选项,弹出"新建项目"对话框,如图 6-14 所示。在左侧项目类型列表中选择 Windows 选项,在右侧的模板中选择"Windows 窗体应用程序"选项,在下方的"名称"栏中输入将要开发的应用程序名 rentihongwaiAutoApp,在"位置"栏中选择应用程序所保存的路径位置,最后单击"确定"按钮。

图 6-14　新建工程对话框

　　"人体红外检测报警程序"工程项目创建完成之后显示如图 6-15 所示的工程解决方案。

　　（2）窗体界面设计。

　　1）选中整个 Form 窗体，然后在"属性"栏的 Text 中输入人体红外检测报警程序文本值，如图 6-16 所示。

图 6-15　人体红外检测报警程序工程
　　　　　项目解决方案

图 6-16　窗体文本信息设置

　　2）在界面设计中，添加两个 Label 控件、一个 GroupBox 控件、一个 ComboBox 控件和一个 Button 控件，完成程序标题的显示和界面串口参数的选择，如图 6-17 所示。

　　3）添加一个 Label 控件、一个 GroupBox 控件和一个 TextBox 控件，完成人体红外采集信息的实时显示程序界面设计，如图 6-18 所示。

　　4）添加两个 GroupBox 控件、两个 Button 按钮控件、一个 CheckBox 复选框控件和一个 PictureBox 图片控件，完成手动继电器控制和联动继电器控制程序界面设计，如图 6-19 所示。

项目
6

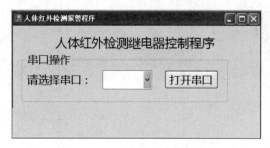

图 6-17　串口界面设计

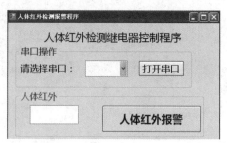

图 6-18　人体红外信息界面设计

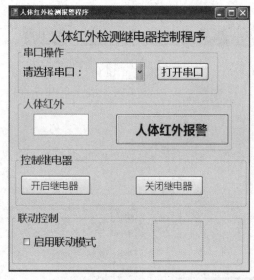

图 6-19　联动控制界面设计

5）从工具栏中选择一个定时器控制 timer 并拖放到窗体界面上，设置相关属性和定时器事件，如图 6-20 所示。

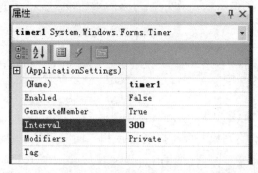

图 6-20　定时器属性设置

6）将主要控件进行规范命名和初始值设置，如表 6-1 所示。

表 6-1　程序各项主要控件说明

控件名称	命名	说明
ComboBox	comboPortName	设置串口名称，如 Com1、Com2、Com3
Button	buttonOpenCloseCom	打开或关闭串口按钮
TextBox	txtlightflag	显示光照信息文本框
GroupBox	gboxCom	串口操作组控件
GroupBox	Rentihongwai	人体红外操作组控件
GroupBox	gboxrelay	继电器操作组控件
Label	labeltitle	标题信息
Button	btnRelayon	开启继电器
Button	btnRelayoff	关闭继电器
CheckBox	cbkAutomode	选中复选按钮，启动联动控制
PictureBox	pictureBox2	图片显示
Button	HongwaiBaoJing	按钮控件颜色显示
Timer	timer1	定时器控件

（3）添加图片资源。

1）右击项目，选择"添加"→"新建项"选项，如图 6-21 所示。

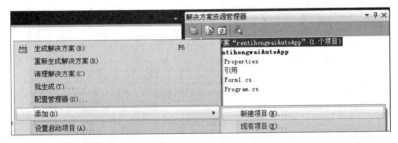

图 6-21　添加新建项

2）选择"资源文件"，使用默认命名，单击"添加"按钮，如图 6-22 所示。

图 6-22　添加资源文件

3）在 Resource1.resx 中，先选择"图像"选项，然后选择"添加资源"→"添加现有文件"选项，如图 6-23 所示。

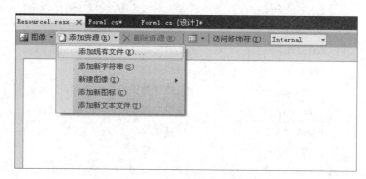

图 6-23　设置资源文件选项

4）打开现有文件添加对话框，如图 6-24 所示，然后选择程序中所需的图片，这里选择"灯光"图片。

图 6-24　添加图片

5）单击"打开"按钮，在资源文件中显示所添加的图片，如图 6-25 所示。

图 6-25　完成图片添加

2. 人体红外检测继电器控制程序功能实现

（1）Form1 窗体代码文件（Form1.cs）结构。

```
sing System;
using System.Collections.Generic;
using System.ComponentModel;
using System.Data;
using System.Drawing;
using System.Linq;
using System.Text;
using System.Windows.Forms;
using System.IO.Ports;    // 手动添加，包含串口相关的类

namespace rentihongwaiAutoApp
{
    public partial class Form1 : Form
    {
        private SerialPort comm = new SerialPort();// 新建一个串口变量
        string newstrdata = "";
        private bool IsAuto;
        private bool Led_on;
        public Form1()
        {
            InitializeComponent();
        }
        private void Form1_Load(object sender, EventArgs e)
        {
        }
        private void buttonOpenCloseCom_Click(object sender, EventArgs e)
        {
        }
        private void btnRelayon_Click(object sender, EventArgs e)
        {
        }
        private void btnRelayoff_Click(object sender, EventArgs e)
        {
        }
        private void cbkAutomode_CheckedChanged(object sender, EventArgs e)
        {
        }
        private void timer1_Tick(object sender, EventArgs e)
        {
        }

    }
}
```

（2）方法说明。

1）Form1_Load 方法。当窗体加载时，一方面执行串口类的 GetPortNames 方法，使之获得当前 PC 端可用的串口并显示在下拉列表框中；另一方面添加事件处理函数

comm.DataReceived，使得当串口缓冲区有数据时执行 comm _DataReceived 方法读取串口数据并处理。代码具体实现如下：

```
private void Form1_Load(object sender, EventArgs e)
{
    string[] ports = SerialPort.GetPortNames();
    comboPortName.Items.AddRange(ports);
    comboPortName.SelectedIndex = comboPortName.Items.Count > 0 ? 0 : -1;
    comm.DataReceived += comm_DataReceived;
}
```

2）打开或者关闭串口方法。单击"打开串口"按钮时执行打开串口方法。首先通过主界面窗体上的下拉列表框选择可用的串口，如串口名称 Com1，设置波特率为9600，打开串口，在单击"关闭串口"按钮时执行关闭串口方法。在该方法中将打开的串口对象进行关闭操作。代码具体实现如下：

```
private void buttonOpenCloseCom_Click(object sender, EventArgs e)
{
    // 根据当前串口对象来判断操作
    if (comm.IsOpen)
    {
        comm.Close();
    }
    else
    {
        // 关闭时点击，设置好端口、波特率后打开
        comm.PortName = comboPortName.Text;
        comm.BaudRate = 9600;
        try
        {
            comm.Open();
        }
        catch (Exception ex)
        {
            // 捕获到异常信息，创建一个新的 comm 对象
            comm = new SerialPort();
            // 显示异常信息给客户
            MessageBox.Show(ex.Message);
        }
    }
    // 设置按钮的状态
    buttonOpenCloseCom.Text = comm.IsOpen ? " 关闭串口 " : " 打开串口 ";
}
```

3）读串口数据方法。当串口缓冲区有数据时，执行 comm _DataReceived 方法读串口数据。从串口读出数据之后，首先判断数据是否以"555555"字符串开始，如果是，表示当前无人；如果数据是以"666666"字符串开始，表示当前有人。代码具体实现如下：

```
Void comm_DataReceived(object sender, SerialDataReceivedEventArgs e)
{
```

```
    this.BeginInvoke(new Action(() =>
    {
        string serialdata = comm.ReadExisting();
        newstrdata += serialdata;
        if (newstrdata.LastIndexOf("555555") >= 0)          // 检测无人
        {
            txtPerson.Text = " 当前无人 ";
            newstrdata = "";
            HongwaiBaoJing.BackColor = Color.GreenYellow;        // 保持绿色不变
        }
        if (newstrdata.LastIndexOf("666666") >= 0)          // 有人在人体红外传感器周围活动
        {
            txtPerson.Text = " 有人闯入 ";
            HongwaiBaoJing.BackColor = Color.Red;        // 颜色变为红色
        }
    }), null);
}
```

4）开启继电器方法。单击 btnRelayon 按钮时执行继电器闭合。首先判断串口是否打开，如果串口打开，则向串口发送字符串"287"，成功之后"开启继电器"按钮不可用。代码具体实现如下：

```
private void btnRelayon_Click(object sender, EventArgs e)
{
    if (IsAuto == false && comm.IsOpen)
    {
        if (!Led_on)
        {
            comm.Write("287");
            System.Threading.Thread.Sleep(500);
            btnRelayon.Enabled = false;
            btnRelayoff.Enabled = true;
            Led_on = true;
        }
    }
}
```

5）关闭继电器方法。单击 btnRelayoff 按钮时执行继电器断开。首先判断串口是否打开，如果串口打开，则向串口发送字符串"287"，成功之后"关闭继电器"按钮不可用。代码具体实现如下：

```
private void btnRelayoff_Click(object sender, EventArgs e)
{
    if (IsAuto == false && comm.IsOpen)
    {
        if (Led_on)
        {
            comm.Write("287");
            System.Threading.Thread.Sleep(500);
            btnRelayoff.Enabled = false;
            btnRelayon.Enabled = true;
```

项目 6

```
            Led_on = false;
        }
    }
}
```

6）联动开启和关闭方法。当选择"启动联动模式"选项时，开启定时器 timer 执行联动操作，设置 IsAuto 值为 true；取消选择联动模式选项时，关闭定时器 timer 执行联动停止操作，设置 IsAuto 值为 false，功能代码如下：

```
private void cbkAutomode_CheckedChanged(object sender, EventArgs e)
{
    if (cbkAutomode.Checked)
    {
        IsAuto = true;
        btnRelayon.Enabled = false;
        btnRelayoff.Enabled = false;
        timer1.Enabled = true;
    }
    else
    {
        IsAuto = false;
        btnRelayon.Enabled = true;
        btnRelayoff.Enabled = true;
        timer1.Enabled = false;
    }
}
```

7）定时器操作方法。当定时器 timer 开启之后执行此方法，首先根据人体红外设置文本框中的人体红外信息进行判断，如果采集当前有人时，闭合继电器，否则断开继电器，功能代码如下：

```
private void timer1_Tick(object sender, EventArgs e)
{
    if (IsAuto == true && comm.IsOpen)
    {
        if (txtPerson.Text == " 当前无人 ")
        {
            if (!Led_on)
            {
                comm.Write("287");
                System.Threading.Thread.Sleep(500);
                Led_on = true;
    this.pictureBox2.Image = rentihongwaiAutoApp.Resource1.room_lamp_off;
            }
        }
        else
        {
            if (txtPerson.Text == " 当前有人 ")
            {
                if (Led_on)
                {
```

```
                comm.Write("287");
                System.Threading.Thread.Sleep(500);
                Led_on = false;
            this.pictureBox2.Image = rentihongwaiAutoApp.Resource1.main_lamp;
                }
            }
        }
    }
}
```

3. 人体红外检测继电器控制程序调试与运行

（1）打开物联网设备电源，将 USB 线缆一端插入到如图 6-26 所示的 USB 接口中，另一端接入到 PC 端 USB 通信接口中。

图 6-26　USB 线缆接入设备 USB 接口

（2）在 PC 端，右击"我的电脑"，在弹出的快捷菜单中选择"设备管理器"选项，如图 6-27 所示。

图 6-27　打开 PC 端设备管理器

（3）打开设备管理器，找到"端口（COM 和 LPT）"选项，展开选项之后出现如图 6-28 所示的设备串口，这里为 USB-SERIAL CH340(COM1)，串口名称为 COM1。

图 6-28　获取设备串口名称

（4）将功能开关挡位切换到"PC 端"挡之后即可通过 PC 机对物联网设备进行数据采集和控制，如图 6-29 所示。

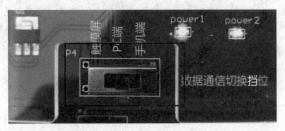

图 6-29　设备端与 PC 通信挡位

（5）在 PC 端双击"人体红外检测继电器控制程序"运行人体红外检测继电器控制程序，主界面如图 6-30 所示。

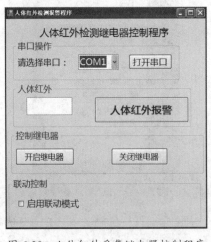

图 6-30　人体红外采集继电器控制程序

（6）根据前面所显示的串口名称，这里选择串口 COM1 口，单击"打开串口"按钮，运行界面上显示当前的人体红外信息，如图 6-31 所示。

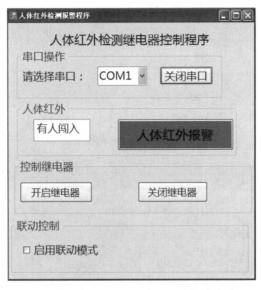

图 6-31　窗体界面显示当前有人闯入

（7）当单击"开启继电器"按钮或者"断开继电器"按钮之后，物联网设备终端控制节点中的继电器实现闭合或者断开，如图 6-32 所示。

（8）在"联动控制"项中，如图 6-33 所示，勾选"启用联动模式"选项之后，如果当前检测到有人存在，显示"有人闯入"信息时，继电器开关立刻闭合，界面上指示灯图片显示点亮状态。

图 6-32　继电器闭合指示灯点亮

图 6-33　联动控制的有人闯入信息

（9）如果当前检测到无人存在，显示"当前无人"信息时，继电器开关立刻断开，界面上指示灯图片显示熄灭状态，如图 6-34 所示。

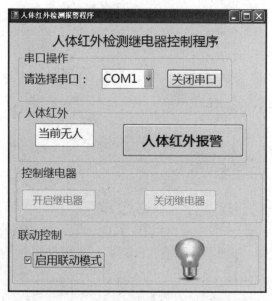

图 6-34 联动控制的无人状态信息

项目 7
基于 C# 烟雾气体检测应用

项目情境

在日常生活中，人们需要一个安全的环境，才能安居乐业。烟雾气体报警器可以为家人充当"保镖"（如图 7-1 所示），它时刻为家人检测空气中有害气体的存在。一旦发现有害气体，立即发出警报，并且可以与家中的排风扇或窗户联动，触发排风扇打开并开启通风窗户。

图 7-1 烟雾气体报警器

学习目标

- 能正确使用设备通过串口通信获取烟雾气体检测信息
- 理解烟雾气体检测程序的功能结构
- 掌握烟雾气体检测程序的功能设计
- 掌握烟雾气体检测程序的功能实现
- 掌握烟雾气体检测程序的调试和运行

任务 7.1　串口通信烟雾气体传感器数据采集

7.1.1　任务描述

在本次任务中，首先用物联网多功能教学演示仪接入的烟雾气体传感器对实训室的周边环境烟雾气体进行检测，然后通过 ZigBee 无线传感网络传输至嵌入式网关，最后通过计算机与嵌入式网关之间的串口通信方式将检测到的烟雾气体数据实时显示在 PC 端串口调试助手上，烟雾气体检测整体功能结构如图 7-2 所示。

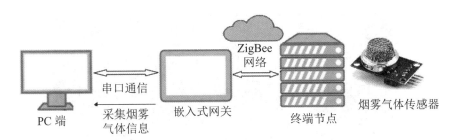

图 7-2 烟雾气体检测整体功能结构

7.1.2 任务分析

烟雾气体检测模块就是实现烟雾气体数据信息采集和显示。这里烟雾气体传感器实时采集烟雾气体信息，周期性地通过 ZigBee 网络发送至 ZigBee 协调器，当 ZigBee 协调器节点收到数据之后通过串口发送给 PC 机，最后在 PC 机的串口调试助手上实时显示，如图 7-3 所示。

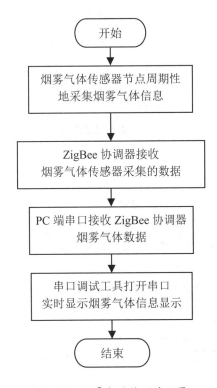

图 7-3 烟雾气体检测流程图

7.1.3 操作方法与步骤

（1）打开物联网设备电源，将 USB 线缆一端插入到如图 7-4 所示的 USB 接口中，另一端接入到 PC 端 USB 通信接口中。

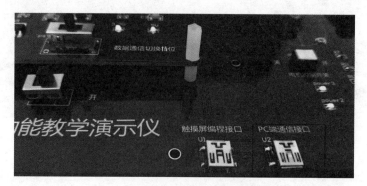

图 7-4　USB 线缆接入设备 USB 接口

（2）在 PC 端，右击"我的电脑"，在弹出的快捷菜单中选择"设备管理器"选项，如图 7-5 所示。

图 7-5　PC 端设备管理器

（3）打开设备管理器，找到"端口（COM 和 LPT）"选项，展开选项之后出现如图 7-6 所示的设备串口，这里为 USB-SERIAL CH340(COM4)，串口名称为 COM4。

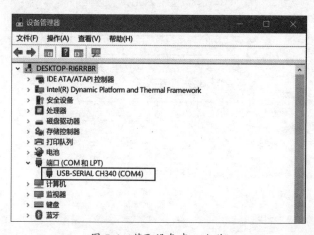

图 7-6　获取设备串口名称

（4）将功能开关挡位切换到"PC 端"挡之后即可通过 PC 机对物联网设备上的烟

雾气体传感器进行数据采集和实时显示，如图 7-7 所示。

图 7-7　设备端与 PC 通信的挡位

串口通信所使用的烟雾气体传感器模块如图 7-8 所示。

图 7-8　烟雾气体传感器模块

（5）打开串口调试助手，设置波特率为 9600，校验位为无，数据位为 8 位，停止位为 1 位，然后单击"打开串口"按钮，显示如图 7-9 所示的数据，如果数据为 444444，代表烟雾气体传感器检测出当前无烟雾气体，如果数据为 333333，代表烟雾气体传感器检测出当前有烟雾气体。

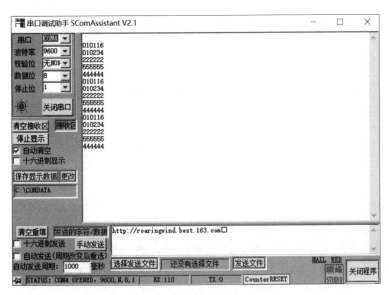

图 7-9　串口数据信息显示

任务 7.2　　基于 C# 烟雾气体检测程序开发

7.2.1　任务描述

在上一个任务中，烟雾气体传感器节点将检测到的烟雾气体数据通过无线传感网络传输至嵌入式网关，然后嵌入式网关与计算机通过串口通信，将烟雾气体信息实时显示在串口调试助手界面上。本次任务通过 C# 编程实现对物联网设备平台上的烟雾气体传感器进行数据采集、数据处理和数据实时显示，让读者在本次项目实践中学到和掌握烟雾气体检测程序开发技术。

7.2.2　任务分析

烟雾气体检测程序的功能就是通过串口通信进行周期性烟雾气体采集，程序功能模块设计结构图如图 7-10 所示。

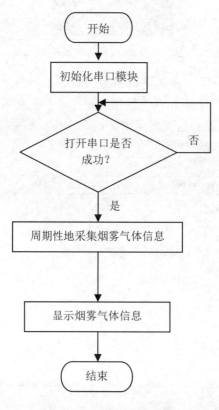

图 7-10　功能模块结构图

烟雾气体检测模块就是实现烟雾气体数据信息采集和显示。这里烟雾气体传感器实时采集烟雾气体信息，周期性地通过 ZigBee 网络发送至 ZigBee 协调器，当 ZigBee

协调器节点收到数据之后通过串口发送给 PC 机的 C# 上位机程序进行解析处理，并在 C# 的图形交互界面上显示。烟雾气体检测模块流程图如图 7-11 所示。

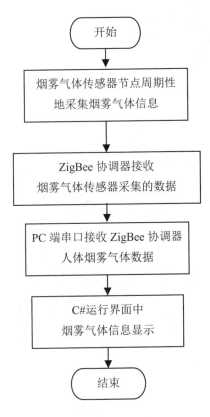

图 7-11　烟雾气体检测模块流程图

7.2.3　操作方法与步骤

1. 烟雾气体检测程序窗体界面设计

（1）创建烟雾气体检测程序工程项目。

打开 VS.NET 开发环境，在起始页的项目窗体界面上选择菜单中的"文件"→"新建"→"项目"选项，弹出"新建项目"对话框，如图 7-12 所示。在左侧项目类型列表中选择 Windows 选项，在右侧的模板中选择"Windows 窗体应用程序"选项，在下方的"名称"栏中输入将要开发的应用程序名 smokesenorApp，在"位置"栏中选择应用程序所保存的路径位置，最后单击"确定"按钮。

烟雾气体检测程序工程项目创建完成之后显示如图 7-13 所示的工程解决方案。

（2）烟雾气体检测程序窗体界面设计。

1）选中整个 Form 窗体，然后在"属性"栏的 Text 中输入烟雾气体检测程序文本值，如图 7-14 所示。

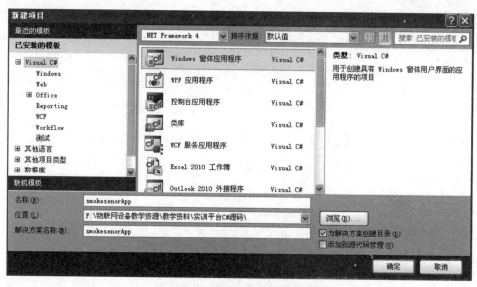

图 7-12 "新建项目"对话框

图 7-13 烟雾气体检测程序工程项目解决方案

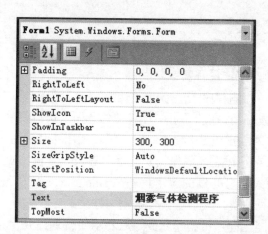

图 7-14 窗体文本信息设置

2）在界面设计中，添加一个 Label 控件、一个 GroupBox 控件、一个 ComboBox 控件和一个 Button 控件，完成串口参数的选择程序界面设计，如图 7-15 所示。

图 7-15 串口界面设计

3）添加一个 GroupBox 控件、一个 TextBox 控件和一个 Label 控件，完成烟雾气体采集信息的实时显示界面设计，如图 7-16 所示。

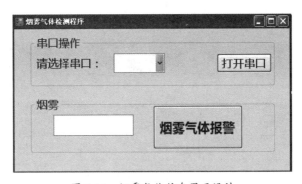

图 7-16 烟雾气体信息界面设计

4）将主要控件进行规范命名和初始值设置，如表 7-1 所示。

表 7-1 程序各项主要控件说明

控件名称	命名	说明
ComboBox	comboPortName	设置串口名称，如 Com1、Com2、Com3
Button	buttonOpenCloseCom	打开或关闭串口按钮
TextBox	txtSmoke	显烟雾气体信息文本框
GroupBox	gboxCom	串口操作组控件
Label	labeltitle	标题信息
Button	SmokeBaoJing	按钮控件颜色显示

2. 烟雾气体检测程序功能实现

（1）Form1 窗体代码文件（Form1.cs）结构。

```
using System;
using System.Collections.Generic;
using System.ComponentModel;
```

```
using System.Data;
using System.Drawing;
using System.Linq;
using System.Text;
using System.Windows.Forms;
using System.IO.Ports;

namespace smokesenorApp
{
    public partial class Form1 : Form
    {
        private SerialPort comm = new SerialPort();   // 新建一个串口变量
        string newstrdata = "";
        public Form1()
        {
            InitializeComponent();
        }
        private void Form1_Load(object sender, EventArgs e)
        {
        }
        void comm_DataReceived(object sender, SerialDataReceivedEventArgs e)
        {
        }
        private void buttonOpenCloseCom_Click(object sender, EventArgs e)
        {
        }
    }
}
```

（2）功能方法说明。

1）Form1_Load 方法。当窗体加载时，一方面执行串口类的 GetPortNames 方法，使之获得当前 PC 端可用的串口并显示在下拉列表框中；另一方面添加事件处理函数 comm.DataReceived，使得当串口缓冲区有数据时执行 comm_DataReceived 方法读取串口数据并处理。代码具体实现如下：

```
private void Form1_Load(object sender, EventArgs e)
{
    string[] ports = SerialPort.GetPortNames();
    comboPortName.Items.AddRange(ports);
    comboPortName.SelectedIndex = comboPortName.Items.Count > 0 ? 0 : -1;
    comm.DataReceived += comm_DataReceived;
}
```

2）打开或者关闭串口方法。单击"打开串口"按钮时执行打开串口方法。首先通过主界面窗体上的下拉列表框选择可用的串口，如串口名称 Com1，设置波特率为 9600，打开串口，在单击"关闭串口"按钮时执行关闭串口方法。在该方法中将打开的串口对象进行关闭操作。代码具体实现如下：

```
private void buttonOpenCloseCom_Click(object sender, EventArgs e)
{
```

```
// 根据当前串口对象来判断操作
if (comm.IsOpen)
{
    comm.Close();
}
else
{
    // 关闭时点击，设置好端口、波特率后打开
    comm.PortName = comboPortName.Text;
    comm.BaudRate = 9600;
    try
    {
        comm.Open();
    }
    catch (Exception ex)
    {
        // 异常信息给客户
        MessageBox.Show(ex.Message);
    }
}
// 设置按钮的状态
buttonOpenCloseCom.Text = comm.IsOpen ? " 关闭串口 " : " 打开串口 ";
}
```

3）读串口数据方法。当串口缓冲区有数据时执行 comm _DataReceived 方法读串口数据。从串口读出数据之后，首先判断数据是否以"444444"字符串开始，如果是，表示当前无烟雾气体；如果数据是以"333333"字符串开始，表示当前有烟雾气体。代码具体实现如下：

```
void comm_DataReceived(object sender, SerialDataReceivedEventArgs e)
{
this.BeginInvoke(new Action(() =>
    {
        string serialdata = comm.ReadExisting();
        newstrdata += serialdata;
        if (newstrdata.LastIndexOf("444444") >= 0)
        {
            txtSmoke.Text = " 无烟雾气体 ";
            SmokeBaoJing.BackColor = Color.GreenYellow;    // 保持绿色不变
            newstrdata = "";
        }
        if (newstrdata.LastIndexOf("333333") >= 0)
        {
            txtSmoke.Text = " 有烟雾气体 ";
            SmokeBaoJing.BackColor = Color.Red;    // 颜色变为红色
            newstrdata = "";
        }
    }), null);
}
```

项目 7

3. 烟雾气体检测程序调试与运行

（1）打开物联网设备电源，将 USB 线缆一端插入到如图 7-17 所示的 USB 接口中，另一端接入到 PC 端 USB 通信接口中。

图 7-17　USB 线缆接入设备 USB 接口

（2）在 PC 端，右击"我的电脑"，在弹出的快捷菜单中选择"设备管理器"选项，如图 7-18 所示。

（3）打开设备管理器，找到"端口（COM 和 LPT）"选项，展开选项之后出现如图 7-19 所示的设备串口，这里为 USB-SERIAL CH340(COM1)，串口名称为 COM1。

图 7-18　打开 PC 端设备管理器

图 7-19　获取设备串口名称

（4）将功能开关挡位切换到"PC 端"挡之后即可通过 PC 机对物联网设备进行烟雾气体数据采集和控制，如图 7-20 所示。

（5）在 PC 端双击"烟雾气体检测"程序运行烟雾气体检测程序，程序主界面如图 7-21 所示。

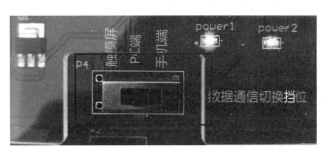

图 7-20   设备端与 PC 通信挡位

（6）根据前面所显示的串口名称，这里选择串口 COM1 口，单击"打开串口"按钮，这时运行界面上显示当前烟雾气体信息，如果当前环境没有烟雾气体，则显示"无烟雾气体"，并且显示代表无烟雾气体的黄色图片，如图 7-22 所示。

图 7-21   运行烟雾气体检测程序

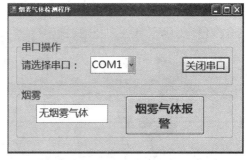

图 7-22   界面显示无烟雾气体信息

（7）如果当前环境采集到有烟雾气体，则显示"有烟雾气体"，并且显示代表有烟雾气体的红色图片，如图 7-23 所示。

图 7-23   界面显示有烟雾气体信息

项目 8
基于 C# 烟雾气体检测报警灯控制应用

📢项目情境

在一般的商场中，细心的人们一定看到过商场屋顶上安装的烟雾探测器，这就是商场消防系统的基本组成部分。商场的消防系统除了这些传感器以外，一般还会包括警铃和消防喷淋系统，一旦检测到烟雾时，通过警铃为人们预警，消防系统中的各种设备自动开启联动装置，并立即触发电器开关做出断电动作，做到将损失降低，如图8-1所示。

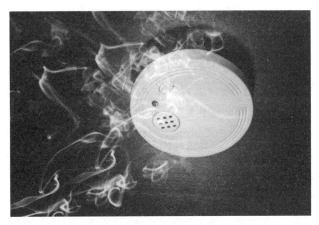

图 8-1 烟雾探测器

🔍学习目标

- 能正确使用设备通过串口通信获取烟雾气体信息和控制报警灯
- 了解烟雾气体检测和控制的应用场景
- 掌握烟雾气体检测和报警灯控制程序的功能结构
- 掌握烟雾气体检测和报警灯控制程序的功能设计
- 掌握烟雾气体检测和报警灯控制程序的功能实现
- 掌握烟雾气体检测和报警灯控制程序的调试和运行

任务 8.1 串口通信烟雾气体数据采集和报警灯控制

8.1.1 任务描述

本次任务是在前一个项目的基础上，通过物联网多功能教学演示仪中的烟雾气体传感器对周边环境的烟雾气体进行检测，然后将信息通过 ZigBee 无线传感网络传输至嵌入式网关，再通过串口通信方式显示在 PC 端串口调试助手上。另一方面可以在 PC 端串口调试助手上发出字符串控制命令给终端节点模块，进行控制报警灯模块的打开或者关闭。烟雾气体检测和报警灯控制系统功能结构如图 8-2 所示。

项目 8

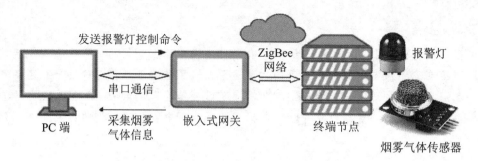

图 8-2　烟雾气体检测和报警灯控制系统功能结构

8.1.2　任务分析

串口通信进行烟雾气体检测和报警灯控制分成两个部分：一个是烟雾气体检测模块，另一个是报警灯控制模块，这里烟雾气体传感器实时检测烟雾气体数据信息，并周期性地通过 ZigBee 网络发送至 ZigBee 协调器，当 ZigBee 协调器节点收到数据之后通过串口发送给 PC 机。另一方面 PC 端通过串口发送报警灯控制命令信息给 ZigBee 协调器，再由 ZigBee 协调器通过无线传感网络发送至 ZigBee 终端通信节点，实现报警灯的打开或者关闭控制，如图 8-3 所示。

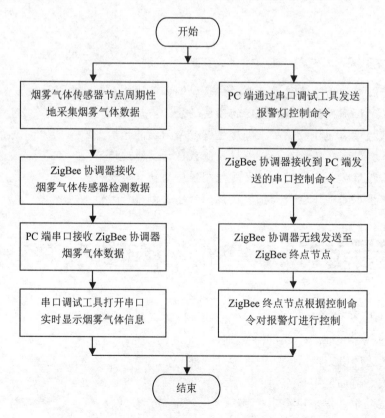

图 8-3　串口通信进行烟雾气体检测和报警灯控制流程图

8.1.3 操作方法与步骤

（1）打开物联网设备电源，将 USB 线缆一端插入到如图 8-4 所示的 USB 接口中，另一端接入到 PC 端 USB 通信接口中。

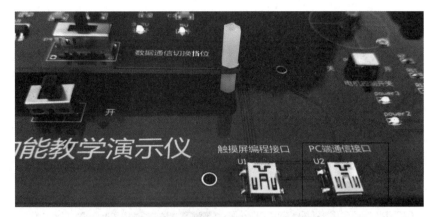

图 8-4 USB 线缆接入设备 USB 接口

（2）在 PC 端，右击"我的电脑"，在弹出的快捷菜单中选择"设备管理器"选项，如图 8-5 所示。

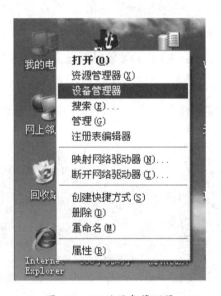

图 8-5 PC 端设备管理器

（3）打开设备管理器，找到"端口（COM 和 LPT）"选项，展开选项之后出现如图 8-6 所示的设备串口，这里为 USB-SERIAL CH340(COM4)，串口名称为 COM4。

（4）将功能开关挡位切换到"PC 端"挡之后即可通过 PC 机对物联网设备进行烟雾气体检测和报警灯控制，如图 8-7 所示。

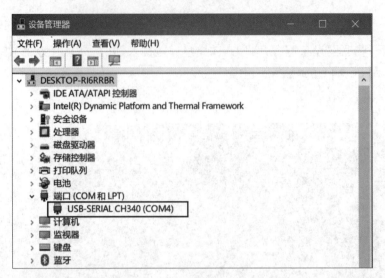

图 8-6　获取设备串口名称

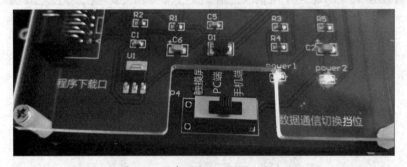

图 8-7　设备端与 PC 通信的挡位

串口通信所使用的烟雾气体传感器和照明灯（模拟报警灯）模块如图 8-8 所示。

图 8-8　烟雾气体传感器和照明灯模块

（5）打开串口调试助手，设置波特率为 9600，校验位为无，数据位为 8 位，停止位为 1 位，然后单击"打开串口"按钮，显示如图 8-9 所示的数据。如果数据为 444444，代表烟雾气体传感器检测出当前无烟雾气体，如果数据为 333333，代表烟雾气体传感器检测出当前有烟雾气体。

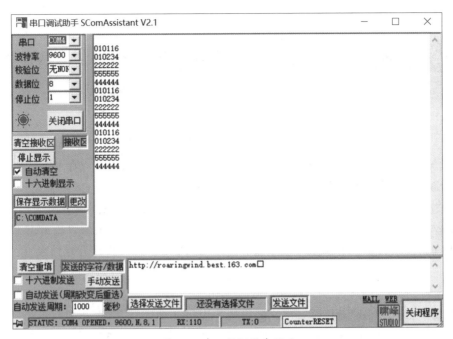

图 8-9　串口数据信息显示

（6）报警灯控制。

在串口调试助手发送区发送字符串"227"，单击"手动发送"按钮，则通过 PC 端向主控板串口发送"227"字符串，终端采集控制板将通过无线传感网络接收"227"字符串，然后控制灯光照明设备，打开或者关闭 LED 灯，如图 8-10 所示。

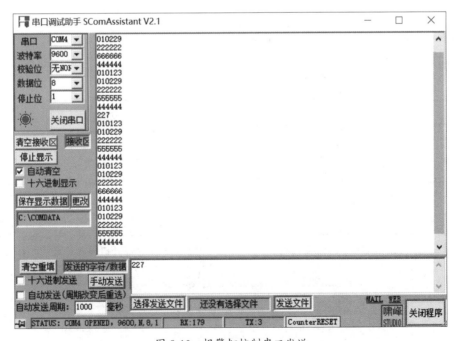

图 8-10　报警灯控制串口发送

8.2.1   任务描述

在上一个任务中，烟雾气体传感器节点可以将检测到的烟雾气体数据通过无线传感网络传输至嵌入式网关，通过 PC 端串口通信获取。另一方面可以在 PC 端发送继电器控制命令给嵌入式网关，无线控制报警灯模块。本次任务通过 C# 编程实现对物联网设备平台上的烟雾气体传感器进行数据采集、数据处理和数据实时显示，并将检测到的烟雾气体信息根据设定条件进行判断，从而实现自动控制报警灯打开或者关闭，让读者在本次项目实践中学到和掌握烟雾气体检测报警灯控制程序开发技术。

8.2.2   任务分析

烟雾气体检测报警器控制程序功能模块分成两个部分，一个是烟雾气体检测模块，另一个是报警灯控制模块，软件功能模块设计结构图如图 8-11 所示。

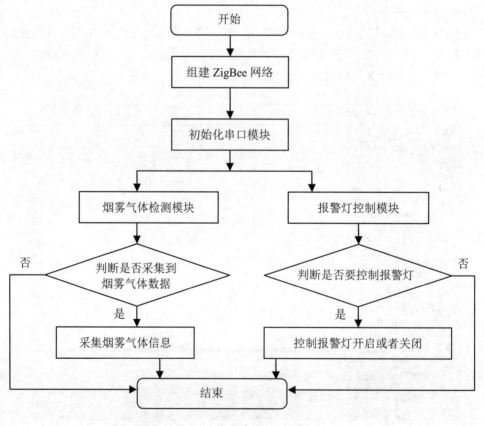

图 8-11   功能模块结构图

项目
8

1. 烟雾气体检测模块设计

烟雾气体采集模块包括烟雾气体数据采集和显示两部分。烟雾气体传感器实时采集烟雾气体信息，周期性地通过 ZigBee 网络发送至 ZigBee 协调器，当 ZigBee 协调器节点收到数据之后，通过串口发送给 PC 机的 C# 上位机程序进行解析处理，并在 C# 图形交互界面上进行实时显示。烟雾气体检测模块流程图如图 8-12 所示。

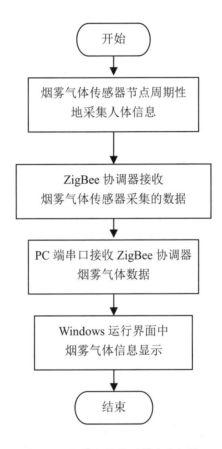

图 8-12　烟雾气体检测模块流程图

2. 报警灯控制模块设计

报警灯控制模块包括蜂鸣器的开启和关闭控制操作。当单击 C# 烟雾气体检测报警灯控制程序界面上的 "报警灯" 按钮时，PC 端发送打开或者关闭控制命令信息给 ZigBee 协调器，再由 ZigBee 协调器通过无线传感网络发送至 ZigBee 终端通信节点，实现报警灯的闭合和断开控制。报警灯控制模块流程图如图 8-13 所示。

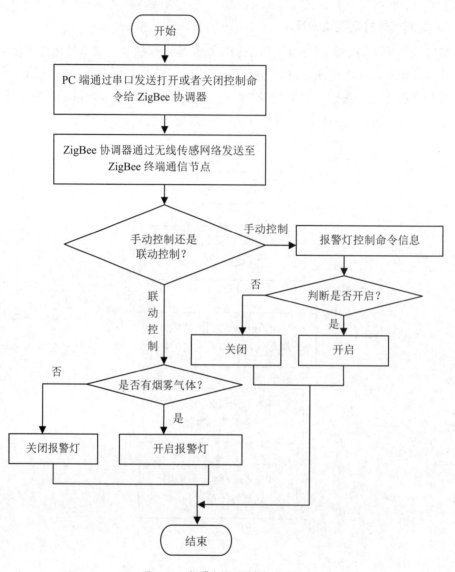

图 8-13　报警灯控制模块流程图

8.2.3　操作方法与步骤

1.　烟雾气体检测报警灯控制程序窗体界面设计

（1）创建烟雾气体检测报警灯控制程序工程项目。

打开 VS.NET 开发环境，在起始页的项目窗体界面上选择菜单中的"文件"→"新建"→"项目"选项，弹出"新建项目"对话框，如图 8-14 所示。在左侧项目类型列表中选择 Windows 选项，在右侧的模板中选择"Windows 窗体应用程序"选项，在下方的"名称"栏中输入将要开发的应用程序名 SmokeControlAutoApp，在"位置"栏中选择应用程序所保存的路径位置，最后单击"确定"按钮。

图 8-14　新建工程对话框

　　烟雾气体检测报警灯控制程序工程项目创建完成之后显示如图 8-15 所示的工程解决方案。

　　（2）烟雾气体检测报警灯控制程序窗体界面设计。

　　1）选中整个 Form 窗体，然后在"属性"栏的 Text 中输入烟雾气体检测报警器控制程序文本值，如图 8-16 所示。

图 8-15　烟雾气体检测报警灯控制程序

工程项目解决方案

图 8-16　窗体文本信息设置

　　2）在界面设计中，添加两个 Label 控件、一个 GroupBox 控件、一个 ComboBox 控件和一个 Button 控件，完成程序标题的显示和界面串口参数的选择，如图 8-17 所示。

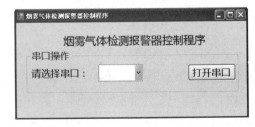

图 8-17　串口界面设计

3）添加一个 GroupBox 控件、一个 TextBox 控件和一个 Label 控件，完成烟雾气体采集信息的实时显示界面设计，如图 8-18 所示。

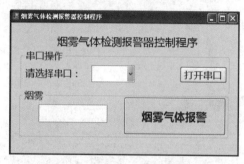

图 8-18　烟雾气体信息界面设计

4）添加两个 GroupBox 控件、两个 Button 按钮控件、一个 CheckBox 复选框控件和一个 PictureBox 图片控件，完成手动蜂鸣器控制和联动蜂鸣器控制程序界面设计，如图 8-19 所示。

5）从工具栏中选择一个定时器控制 timer 并拖放到窗体界面上，设置相关属性和定时器事件，如图 8-20 所示。

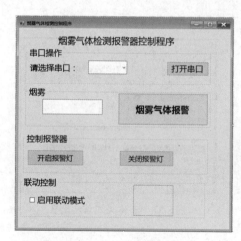

图 8-19　联动控制界面设计

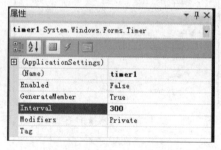

图 8-20　定时器属性设置

6）将主要控件进行规范命名和初始值设置，如表 8-1 所示。

表 8-1　程序各项主要控件说明

控件名称	命名	说明
ComboBox	comboPortName	设置串口名称，如 Com1、Com2、Com3
Button	buttonOpenCloseCom	打开或关闭串口按钮
TextBox	txtSmoke	显示烟雾气体信息文本框
GroupBox	gboxCom	串口操作组控件

续表

控件名称	命名	说明
GroupBox	gboxSmoke	烟雾气体操作组控件
GroupBox	gboxbuzzer	蜂鸣器操作组控件
GroupBox	gboxAuto	联动控制组控件
Label	labeltitle	标题信息
Button	btnbuzzeron	开启蜂鸣器
Button	btnbuzzeroff	关闭蜂鸣器
CheckBox	cbkAutomode	选中复选按钮，启动联动控制
PictureBox	pictureBox1	图片显示
Button	SmokeBaoJing	按钮控件颜色显示
Timer	timer1	定时器控件

（3）添加图片资源。

1）右击项目，选择"添加"→"新建项"选项，如图 8-21 所示。

图 8-21　添加新建项

2）选择"资源文件"，使用默认命名，单击"添加"按钮，如图 8-22 所示。

图 8-22　添加资源文件

项目 8

3）在 Resource1.resx 中，先选择"图像"选项，然后选择"添加资源"→"添加现有文件"选项，如图 8-23 所示。

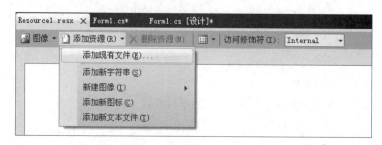

图 8-23 设置资源文件选项

4）打开现有文件添加对话框，如图 8-24 所示，然后选择程序中所需的图片，这里是灯光图片。

图 8-24 添加图片

5）单击"打开"按钮，在资源文件中显示所添加的图片，如图 8-25 所示。

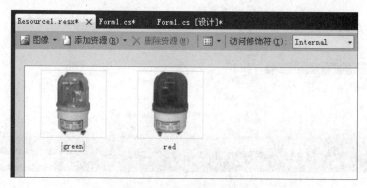

图 8-25 完成图片添加

2. 烟雾气体检测报警灯控制程序功能实现

（1）Form1 窗体代码文件（Form1.cs）结构。

```
using System;
using System.Collections.Generic;
using System.ComponentModel;
using System.Data;
using System.Drawing;
using System.Linq;
using System.Text;
using System.Windows.Forms;
using System.IO.Ports;
namespace SmokeControlAutoApp
{
  public partial class Form1 : Form
  {
    private SerialPort comm = new SerialPort();    // 新建一个串口变量
    string newstrdata = "";
    private bool IsAuto;
    private bool smoke_on;
    public Form1()
    {
      InitializeComponent();
    }
    private void Form1_Load(object sender, EventArgs e)
    {
    }
    private void buttonOpenCloseCom_Click(object sender, EventArgs e)
    {
    }
    private void btnbuzzeron_Click(object sender, EventArgs e)
    {
    }
    private void btnbuzzeroff_Click(object sender, EventArgs e)
    {
    }
    private void cbkAutomode_CheckedChanged(object sender, EventArgs e)
    {
    }
    private void timer1_Tick(object sender, EventArgs e)
    {
    }
  }
}
```

（2）功能方法说明。

1）Form1_Load 方法。当窗体加载时，一方面执行串口类的 GetPortNames 方法，使之获得当前 PC 端可用的串口，并显示在下拉列表框中；另一方面添加事件处理函数 comm.DataReceived，使得当串口缓冲区有数据时执行 comm_DataReceived 方法读取串口数据并处理。代码具体实现如下：

```
private void Form1_Load(object sender, EventArgs e)
{
    string[] ports = SerialPort.GetPortNames();
    comboPortName.Items.AddRange(ports);
    comboPortName.SelectedIndex = comboPortName.Items.Count > 0 ? 0 : -1;
    comm.DataReceived += comm_DataReceived;
}
```

2）打开或者关闭串口方法。单击"打开串口"按钮时执行打开串口方法。首先通过主界面窗体上的下拉列表框选择可用的串口，如串口名称 Com1，设置波特率为9600，打开串口，在单击"关闭串口"按钮时执行关闭串口方法。在该方法中将打开的串口对象进行关闭操作代码。具体实现如下：

```
private void buttonOpenCloseCom_Click(object sender, EventArgs e)
{
    // 根据当前串口对象来判断操作
    if (comm.IsOpen)
    {
        comm.Close();
    }
    else
    {
        // 关闭时点击，设置好端口、波特率后打开
        comm.PortName = comboPortName.Text;
        comm.BaudRate = 9600;
        try
        {
            comm.Open();
        }
        catch (Exception ex)
        {
            // 捕获到异常信息，创建一个新的 comm 对象
            comm = new SerialPort();
            // 显示异常信息给客户
            MessageBox.Show(ex.Message);
        }
    }
    // 设置按钮的状态
    buttonOpenCloseCom.Text = comm.IsOpen ? "关闭串口" : "打开串口";
}
```

3）读串口数据方法。当串口缓冲区有数据时，执行 comm _DataReceived 方法读串口数据。从串口读出数据之后，首先判断数据是否以"444444"字符串开始，如果是，则表示当前无烟雾气体；如果数据是以"333333"字符串开始，则表示当前有烟雾气体。代码具体实现如下：

```
Void comm_DataReceived(object sender, SerialDataReceivedEventArgs e)
{
    this.BeginInvoke(new Action(() =>
```

```
    {
        string serialdata = comm.ReadExisting();
        newstrdata += serialdata;
        if (newstrdata.LastIndexOf("444444") >= 0)
        {
            txtSmoke.Text = " 无烟雾气体 ";
            SmokeBaoJing.BackColor = Color.GreenYellow;    // 颜色保持绿色不变
            newstrdata = "";
        }
        if (newstrdata.LastIndexOf("333333") >= 0)
        {
            txtSmoke.Text = " 有烟雾气体 ";
            SmokeBaoJing.BackColor = Color.Red;    // 颜色变为红色
            newstrdata = "";
        }
    }), null);
}
```

4）开启报警灯方法。单击 btnbuzzeron 按钮时，执行报警灯开启。首先判断串口是否打开，如果串口打开，则向串口发送字符串"227"，成功之后"开启报警灯"按钮不可用。代码具体实现如下：

```
private void btnbuzzeron_Click(object sender, EventArgs e)
{
    if (IsAuto == false && comm.IsOpen)
    {
        if (!smoke_on)
        {
            comm.Write("227");
            System.Threading.Thread.Sleep(500);
            btnbuzzeron.Enabled = false;
            btnbuzzeroff.Enabled = true;
            smoke_on = true;
        }
    }
}
```

5）关闭报警灯方法。单击 btnbuzzeroff 按钮时，执行报警灯停止。首先判断串口是否打开，如果串口打开，则向串口发送字符串"227"，成功之后"关闭报警灯"按钮不可用。代码具体实现如下：

```
private void btnbuzzeroff_Click(object sender, EventArgs e)
{
    if (IsAuto == false && comm.IsOpen)
    {
        if (smoke_on)
        {
            comm.Write("227");
            System.Threading.Thread.Sleep(500);
            btnbuzzeroff.Enabled = false;
            btnbuzzeron.Enabled = true;
```

```
        smoke_on = false;
      }
    }
  }
```

6）联动开启和关闭方法。当选择"启用联动模式"选项时，开启定时器 timer 执行联动操作，设置 IsAuto 值为 true；取消选择联动模式选项时，关闭定时器 timer 执行联动停止操作，设置 IsAuto 值为 false。功能代码如下：

```
private void cbkAutomode_CheckedChanged(object sender, EventArgs e)
{
  if (cbkAutomode.Checked)
  {
    IsAuto = true;
    btnbuzzeron.Enabled = false;
    btnbuzzeroff.Enabled = false;
    timer1.Enabled = true;
  }
  else
  {
    IsAuto = false;
    btnbuzzeron.Enabled = true;
    btnbuzzeroff.Enabled = true;
    timer1.Enabled = false;
  }
}
```

7）定时器操作方法。当定时器 timer 开启之后执行此方法，首先根据烟雾气体设置文本框中的烟雾气体信息进行判断，如果采集有烟雾气体时，开启报警灯，否则停止报警灯，功能代码如下：

```
private void timer1_Tick(object sender, EventArgs e)
{
    if (IsAuto == true && comm.IsOpen)
  {
    if (txtSmoke.Text == " 有烟雾气体 ")
    {
      if (!smoke_on)
      {
        comm.Write("227");
        System.Threading.Thread.Sleep(500);
        smoke_on = true;
        this.pictureBox1.Image = SmokeControlAutoApp.Resource1.red;
      }
    }
    else
    {
      if (txtSmoke.Text == " 无烟雾气体 ")
      {
        if (smoke_on)
        {
```

```
            comm.Write("227");
            System.Threading.Thread.Sleep(500);
            smoke_on = false;
        this.pictureBox1.Image = SmokeControlAutoApp.Resource1.green;
            }
        }
    }
}
}
```

3. 烟雾气体检测报警灯控制程序调试与运行

（1）打开物联网设备电源，将 USB 线缆一端插入到如图 8-26 所示的 USB 接口中，另一端接入到 PC 端 USB 通信接口中。

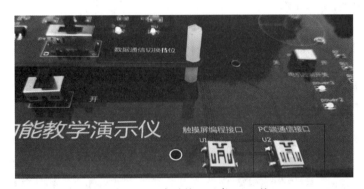

图 8-26　USB 线缆接入设备 USB 接口

（2）在 PC 端，右击"我的电脑"，在弹出的快捷菜单中选择"设备管理器"选项，如图 8-27 所示。

（3）打开设备管理器，找到"端口（COM 和 LPT）"选项，展开选项之后出现如图 8-28 所示的设备串口，这里为 USB-SERIAL CH340(COM1)，串口名称为 COM1。

图 8-27　打开 PC 端设备管理器

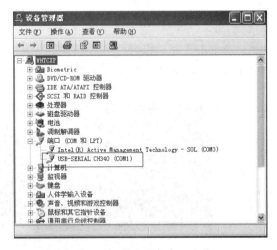

图 8-28　获取设备串口名称

（4）将功能开关挡位切换到"PC 端"挡之后即可通过 PC 机对物联网设备进行数据采集和控制，如图 8-29 所示。

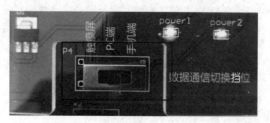

图 8-29　设备端与 PC 通信挡位

（5）在 PC 端双击"烟雾气体检测报警灯控制程序"运行烟雾气体检测报警灯控制程序，主界面如图 8-30 所示。

（6）根据前面所显示的串口名称，这里选择串口 COM1 口，单击"打开串口"按钮，这时运行界面上显示当前的烟雾气体信息，如图 8-31 所示。

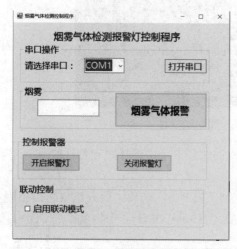

图 8-30　运行烟雾气体采集报警灯控制程序　　图 8-31　界面显示无烟雾气体信息

（7）当单击"开启报警灯"按钮或者"停止报警灯"按钮之后，物联网设备的终端控制节点中的报警灯点亮或者关闭，如图 8-32 所示。

图 8-32　烟雾气体传感器和报警灯模块

（8）在"联动控制"选项中（如图 8-33 所示），勾选"启用联动模式"选项之后，如果当前环境没有烟雾气体，则界面显示"无烟雾气体"信息，报警灯关闭。

图 8-33　无烟雾气体的联动控制

（9）如果当前环境有烟雾气体，则界面显示"有烟雾气体"信息，报警灯点亮，如图 8-34 所示。

图 8-34　有烟雾气体的联动控制

项目 9
基于 C# 音乐播放无线
控制应用

项目情境

目前在很多具备语音提示或音乐播放的场合都要求比较高的音质，这样串口 MP3 音乐模块应运而生，如图 9-1 所示。MP3 音乐模块非常适合应用在高要求的语音提示和播放音乐场合，它具有控制方便、音质好、性能稳定的特点，通常应用在电力、通信、金融营业厅、火车站、汽车站安全检查语音提示等场合，实现自动广播和定时播报。

图 9-1　MP3 音乐播放模块

学习目标

● 能正确使用设备通过串口通信实现音乐播放控制
● 了解无线音乐播放应用场景
● 掌握音乐播放无线控制程序的功能结构
● 掌握音乐播放无线控制程序的功能设计
● 掌握音乐播放无线控制程序的功能实现
● 掌握音乐播放无线控制程序的调试和运行

任务 9.1　串口通信音乐播放控制

9.1.1　任务描述

在本次任务中，物联网多功能教学演示仪上安装了一个 MP3 音乐控制模块，通过运行 PC 端的串口调试工具发送音乐播放控制命令，然后通过 ZigBee 无线传感网络传输至终端节点，最后实现对 MP3 音乐模块的无线控制，实现歌曲的播放、停止、上一首、下一首以及音量的调节控制等，无线音乐播放控制功能结构如图 9-2 所示。

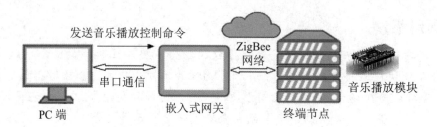

图 9-2 音乐播放控制功能结构

9.1.2 任务分析

串口通信实现音乐播放控制，这里 PC 端通过串口发送音乐播放控制命令，包括音乐播放和停止、循环播放歌曲、上一首和下一首歌曲播放以及音量调节命令，然后传输给 ZigBee 协调器，再由 ZigBee 协调器通过无线传感网络发送至 ZigBee 终端节点，实现对音乐模块的控制，如图 9-3 所示。

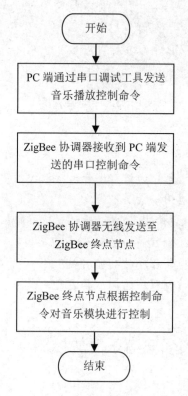

图 9-3 串口通信音乐模块控制流程图

9.1.3 操作方法与步骤

（1）打开物联网设备电源，将 USB 线缆一端插入到如图 9-4 所示的 USB 接口中，另一端接入到 PC 端 USB 接口中。

图 9-4 USB 线缆接入设备 USB 接口

（2）在 PC 端，右击"我的电脑"，在弹出的快捷菜单中选择"设备管理器"选项，如图 9-5 所示。

图 9-5 打开 PC 端设备管理器

（3）打开设备管理器，找到"端口（COM 和 LPT）"选项，展开选项之后出现如图 9-6 所示的设备串口，这里为 USB-SERIAL CH340(COM1)，串口名称为 COM1。

图 9-6 获取设备串口名称

（4）将功能开关挡位切换到"PC 端"挡之后即可通过 PC 机对物联网设备中的音乐模块机进行控制，如图 9-7 所示。

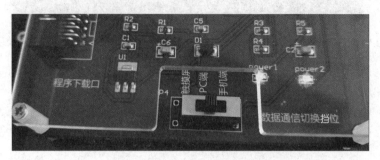

图 9-7　设备端与 PC 通信挡位

串口通信所使用的音乐播放控制模块如图 9-8 所示。

图 9-8　MP3 音乐播放控制模块

（5）音乐无线控制。

1）打开串口调试助手，设置波特率为 9600，校验位为无，数据位为 8 位，停止位为 1 位，然后打开串口，成功打开串口之后勾选"十六进制发送"复选项，发送十六进制数值 fd0201df，单击"手动发送"按钮，如图 9-9 所示。

图 9-9　音乐无线控制串口发送

2）通过 PC 端串口工具发送 fd0201df 十六进制数值之后，物联网多功能教学演示仪通过无线传感网络接收到 fd0201df 十六进制数值，实现对 MP3 音乐模块播放控制，如图 9-10 所示。

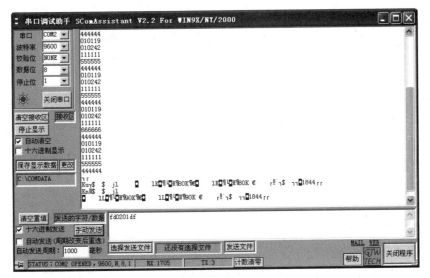

图 9-10　设备端反馈数据信息

音乐播放格式说明如表 9-1 所示。

表 9-1　音乐播放格式说明

格式：$S Len CMD para1 para2 $O		
$S	起始位 0x7E	每条命令反馈均以 $ 开头，即 0xFD
Len	len 后字节个数	Len + CMD + para1 + para2
CMD	命令字	表示具体的操作，比如播放 / 暂停等
para1	参数 1	查询的数据高字节（比如歌曲序号）
para2	参数 2	查询的数据低字节
$O	结束位	结束位 0xDF

例如，如果指定播放，就需要发送 FD 04 41 00 01 DF，数据长度为 4，这 4 个字节分别是 [04 41 00 01]（不计算起始和结束）；连续播放【FD 04 41 00 01 DF】【FD 04 41 00 02 DF】【FD 04 41 00 03 DF】三段，播放完暂停。

3）同理按照音乐播放控制步骤，可以发送音乐暂停，音乐停止，上一首歌曲，下一首歌曲，设置高音、中音和低音等指令，具体指令如下：

```
fd0201df      // 播放
fd0202df      // 暂停
fd020Edf      // 停止
fd0203df      // 下一首
fd0204df      // 上一首
```

```
fd03311Edf  // 设置高音
fd03310Fdf  // 设置中音
fd033105df  // 设置低音
fd033300df  // 设置循环播放
```

任务 9.2 基于 C# 音乐播放无线控制程序开发

9.2.1 任务描述

在上一个任务中，PC 端通过串口通信发送音乐播放控制命令给嵌入式网关，然后无线传输至终点节点模块，最后根据控制命令实现对音乐播放模块的各种控制。本次任务通过 C# 编程实现对物联网设备平台上音乐播放模块的无线控制，让读者在本次项目实践中学到和掌握音乐播放无线控制程序开发技术。

9.2.2 任务分析

PC 端将播放音乐的控制命令通过串口发送至 ZigBee 协调器模块，ZigBee 协调器节点通过 ZigBee 网络无线发送至 ZigBee 终端节点，当 ZigBee 终端节点无线收到 ZigBee 协调器节点发送过来的数据之后进行解析和控制音乐播放模块，实现对音乐歌曲的播放，音乐播放无线控制程序流程如图 9-11 所示。

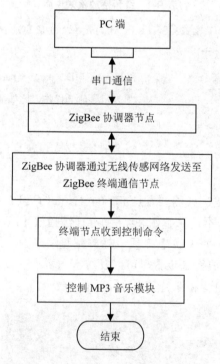

图 9-11 音乐播放无线控制程序流程

9.2.3 操作方法与步骤

1. 音乐播放无线控制程序窗体界面设计

（1）创建音乐播放无线控制程序工程项目。

打开 VS.NET 开发环境，在起始页的项目窗体界面上选择菜单中的"文件"→"新建"→"项目"选项，弹出"新建项目"对话框，如图 9-12 所示。在左侧项目类型列表中选择 Windows 选项，在右侧的模板中选择"Windows 窗体应用程序"选项，在下方的"名称"栏中输入将要开发的应用程序名 MusicControlApp，在"位置"栏中选择应用程序所保存的路径位置，最后单击"确定"按钮。

图 9-12　"新建项目"对话框

"音乐播放无线控制程序工程"项目创建完成之后显示如图 9-13 所示的工程解决方案。

图 9-13　音乐播放无线控制程序工程项目解决方案

（2）窗体界面设计。

1）串口参数界面设计：在界面设计中，添加一个 GroupBox 控件（显示"串口参数设置"）、5 个 Label 控件（显示标题和各种串口名称）、5 个 ComboBox 控件（设置串口通信参数）、两个 Button 按钮（打开串口和关闭串口）。主界面窗体上显示如图

9-14 所示的设计效果。

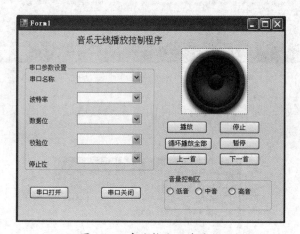

图 9-14　串口设计界面

2）音乐功能键界面设计：在界面设计中，添加一个 GroupBox 控件（显示音量控制区）、3 个 RadioButton 控件（设置低音、中音和高音）、6 个 Button 控件（"播放""停止""循环播放全部""暂停""上一首"和"下一首"按钮）。在主界面窗体上显示如图 9-15 所示的设计效果。

图 9-15　窗体整体设计界面

3）将主要控件进行规范命名和初始值设置，如表 9-2 所示。

表 9-2　项目各项控件说明

控件名称	命名	说明
ComboBox	cbPortName	设置串口名称，如 Com1、Com2、Com3
ComboBox	cbBudrate	设置串口波特率，如 9600、19200、115200
ComboBox	cbDatabits	设置串口数据位，如 6、7、8

控件名称	命名	说明
ComboBox	cbParitybit	设置串口有无校验，如奇、偶校验
ComboBox	cbStopbits	设置串口停止位，如 1、1.5
Button	btnOpenport	打开串口按钮
Button	btnCloseport	关闭串口按钮
Button	btnPlay	音乐播放按钮
Button	btnPause	音乐暂停按钮
Button	btnStop	音乐停止按钮
Button	btnPlayAll	循环播放按钮
Button	btnPrev	前一首歌曲按钮
Button	btnNext	下一首歌曲按钮
RadioButton	rbtlow	设置低音
RadioButton	rbtmiddle	设置中音
RadioButton	rbthigh	设置高音

2. 音乐播放无线控制程序功能实现

（1）Form1 窗体代码文件（Form1.cs）结构。

```
using System;
using System.Collections.Generic;
using System.ComponentModel;
using System.Data;
using System.Drawing;
using System.Linq;
using System.Text;
using System.Windows.Forms;
using System.IO.Ports;

namespace MusicControlApp
{
    public partial class Form1 : Form
    {
        byte SendBufPlay[]={(byte)0xfd,0x02,0x01,(byte)0xdf};            // 播放
        byte SendBufPause[]={(byte)0xfd,0x02,0x02,(byte)0xdf};           // 暂停
        byte SendBufStop []={(byte)0xfd,0x02,0x0E,(byte)0xdf};           // 停止
        byte SendBufNext[]={(byte)0xfd,0x02,0x03,(byte)0xdf};            // 下一首
        byte SendBufPre[]={(byte)0xfd,0x02,0x04,(byte)0xdf};             // 上一首
        byte SendBufYH[]={(byte)0xfd,0x03,0x31,0x1E,(byte)0xdf};         // 设置高音
        byte SendBufYM[]={(byte)0xfd,0x03,0x31,0x0F,(byte)0xdf};         // 设置中音
        byte SendBufYL[]={(byte)0xfd,0x03,0x31,0x05,(byte)0xdf} ;        // 设置低音
        byte SendBufRePlay[]={(byte)0xfd,0x03,0x33,0x0,(byte)0xdf} ;     // 设置循环播放
        private SerialPort serialport = new SerialPort();               // 实例化串口对象
```

```
        public Form1()
        {
            InitializeComponent();
        }
        private void InitPort()
        {
        }
        private void btnOpenport_Click(object sender, EventArgs e)       // 打开串口
        {
        }
        private void btnCloseport_Click(object sender, EventArgs e)      // 关闭串口
        {
        }
        private void btnPlay_Click(object sender, EventArgs e)           // 音乐播放
        {
        }
        private void btnPause_Click(object sender, EventArgs e)          // 音乐暂停
        {
        }
        private void btnPlayAll_Click(object sender, EventArgs e)        // 循环播放
        {
        }
        private void btnPrev_Click(object sender, EventArgs e)           // 前一首歌曲
        {
        }
        private void btnNext_Click(object sender, EventArgs e)           // 下一首歌曲
        {
        }
        private void Form1_Load(object sender, EventArgs e)              // 窗体加载
        {
        }
        private void rbtlow_Click(object sender, EventArgs e)            // 音量设置
        {
        }
    }
}
```

（2）方法说明。

1）InitPort 方法。初始化串口参数和变量参数。代码具体实现如下：

```
private void InitPort()
{
    cbPortName.SelectedIndex = 0;
    cbBudrate.SelectedIndex = 0;
    cbDatabits.SelectedIndex = 3;
    cbParitybit.SelectedIndex = 2;
    cbStopbits.SelectedIndex = 0;
}
```

2）Form1_Load 方法。当窗体加载时，一方面执行串口类的 GetPortNames 方法，使之获得当前机器上可用的串口并显示在下拉列表框中；另一方面调用 InitPort 方法实

现串口初始化。代码具体实现如下：

```
private void Form1_Load(object sender, EventArgs e)
{
    string[] ports = SerialPort.GetPortNames();
    foreach (string p in ports)
    {
        this.cbPortName.Items.Add(p);
    }
    InitPort();
}
```

3）打开串口方法。单击"打开串口"按钮时执行打开串口方法。首先通过主界面窗体上的下拉列表框选择可用的串口，这里串口名称选择 Com3，设置波特率为115200，设置无奇偶校验，设置数据位为 8 位，停止位为 1 位，打开串口。代码具体实现如下：

```
private void btnOpenport_Click(object sender, EventArgs e)
{
    serialport.PortName = cbPortName.Text;
    serialport.BaudRate = Convert.ToInt32(cbBudrate.Text);
    serialport.DataBits = Convert.ToInt32(cbDatabits.Text);
    if (cbParitybit.Text == " 奇校验 ")
    {
        serialport.Parity = Parity.Odd;
    }
    else
    {
        if (cbParitybit.Text == " 偶校验 ")
        {
            serialport.Parity = Parity.Even;
        }
        else
        {
            serialport.Parity = Parity.None;
        }
    }
    serialport.StopBits = StopBits.One;
    serialport.Open();
    btnOpenport.Enabled = false;
    btnCloseport.Enabled = true;
}
```

4）关闭串口方法。单击"关闭串口"按钮时执行关闭串口方法。在该方法中将打开的串口对象进行关闭操作。代码具体实现如下：

```
private void btnCloseport_Click(object sender, EventArgs e)
{
    if (serialport.IsOpen)
    {
        serialport.Close();
        btnOpenport.Enabled = true;
```

```
        btnCloseport.Enabled = false;
    }
}
```

5）音乐播放方法。单击 btnPlay 按钮时，执行音乐播放功能。首先判断串口是否打开，如果串口打开，则向串口发送 byte SendBufPlay[]={(byte)0xfd,0x02,0x01,(byte)0xdf}; 的字节数组命令，成功发送之后，音乐歌曲开始播放。代码具体实现如下：

```
private void btnPlay_Click(object sender, EventArgs e)
{
    if (serialport.IsOpen)
    {
        serialport.Write(SendBufPlay, 0, SendBufPlay.Length);
    }
}
```

6）音乐暂停方法。单击 btnPause 按钮时，执行音乐暂停功能。首先判断串口是否打开，如果串口打开，则向串口发送 byte SendBufPause[]={(byte)0xfd,0x02,0x02,(byte)0xdf}; 的字节数组命令，成功发送之后，执行音乐暂停播放。代码具体实现如下：

```
private void btnPause_Click(object sender, EventArgs e)
{
    if (serialport.IsOpen)
    {
        serialport.Write(SendBufPause, 0, SendBufPause.Length);
    }
}
```

7）音乐停止方法。单击 btnStop 按钮时，执行音乐停止功能。首先判断串口是否打开，如果串口打开，则向串口发送 byte SendBufStop []={(byte)0xfd,0x02,0x0E,(byte)0xdf}; 的字节数组命令，成功发送之后，执行音乐停止播放。代码具体实现如下：

```
private void btnstop_Click(object sender, EventArgs e)
{
    if (serialport.IsOpen)
    {
        serialport.Write(SendBufStop, 0, SendBufStop.Length);   // 发送
    }
}
```

8）音乐循环播放方法。单击 btnPlayAll 按钮时，执行音乐循环播放功能。首先判断串口是否打开，如果串口打开，则向串口发送 byte SendBufRePlay[]={(byte)0xfd,0x03,0x33,0x0,(byte)0xdf}; 的字节数组命令，成功发送之后，执行音乐循环播放。代码具体实现如下：

```
private void btnPlayAll_Click(object sender, EventArgs e)
{
    if (serialport.IsOpen)
    {
        serialport.Write(SendBufRePlay, 0, SendBufRePlay.Length);
    }
}
```

9）播放前一首歌曲方法。单击 btnPrev 按钮时，执行前一首歌曲播放功能。首先判断串口是否打开，如果串口打开，则向串口发送 byte SendBufPre[]={(byte)0xfd,0x02,0x04,(byte)0xdf};的字节数组命令，成功发送之后，执行前一首音乐歌曲播放。代码具体实现如下：

```
private void btnPrev_Click(object sender, EventArgs e)
{
  if (serialport.IsOpen)
  {
    serialport.Write(SendBufPre, 0, SendBufPre.Length);        // 发送
  }
}
```

10）播放下一首歌曲方法。单击"btnNext"按钮时，执行下一首歌曲播放功能。首先判断串口是否打开，如果串口打开，则向串口发送 byte SendBufNext[]={(byte)0xfd,0x02,0x03,(byte)0xdf};的字节数组命令，成功发送之后，执行下一首音乐歌曲播放。代码具体实现如下：

```
private void btnNext_Click(object sender, EventArgs e)
{
  if (serialport.IsOpen)
  {
    serialport.Write(SendBufNext, 0, SendBufNext.Length);   // 发送
  }
}
```

11）设置歌曲音量方法。单击任意单选按钮时，执行歌曲音量调节功能。首先判断串口是否打开，如果串口打开，则向串口发送 byte SendBufYH[]={(byte)0xfd,0x03,0x31,0x1E,(byte)0xdf};（设置高音）、byte SendBufYM[]={(byte)0xfd,0x03,0x31,0x0F,(byte)0xdf};（设置中音）、byte SendBufYL[]={(byte)0xfd,0x03,0x31,0x05,(byte)0xdf};（设置低音）的字节数组命令，成功发送之后，音量调节开始生效。代码具体实现如下：

```
private void rbtlow_Click(object sender, EventArgs e)
{
  RadioButton rbt = sender as RadioButton;
  switch (rbt.Text)
  {
    case " 低音 ":
      if (serialport.IsOpen)
      {
        serialport.Write(SendBufYL, 0, SendBufYL.Length);
      }
      break;
    case " 中音 ":
      if (serialport.IsOpen)
      {
        serialport.Write(SendBufYM, 0, SendBufYM.Length);
      }
      break;
    case " 高音 ":
```

```
        if (serialport.IsOpen)
        {
            serialport.Write(SendBufYH, 0, SendBufYH.Length);
        }
        break;
    }
}
```

3. 音乐播放无线控制程序调试与运行

（1）打开物联网设备电源，将 USB 线缆一端插入到如图 9-16 所示的 USB 接口中，另一端接入到 PC 端 USB 接口中。

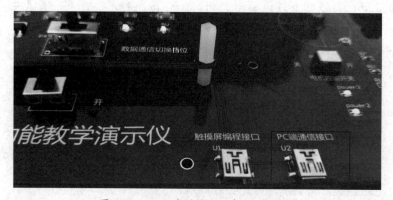

图 9-16　USB 线缆接入设备 USB 接口

（2）在 PC 端，右击"我的电脑"，在弹出的快捷菜单中选择"设备管理器"选项，如图 9-17 所示。

图 9-17　打开 PC 端设备管理器

（3）打开设备管理器，找到"端口（COM 和 LPT）"选项，展开选项之后出现如图 9-18 所示的设备串口，这里为 USB-SERIAL CH340(COM1)，串口名称为 COM1。

图 9-18　获取设备串口名称

（4）将功能开关挡位切换到"PC 端"挡之后即可通过 PC 机上位机程序对物联网设备进行音乐控制，如图 9-19 所示。

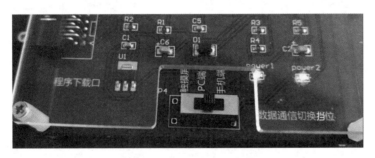

图 9-19　设备端与 PC 通信挡位

（5）在 PC 端双击"音乐播放控制"程序运行"音乐无线播放控制程序"，主界面如图 9-20 所示。

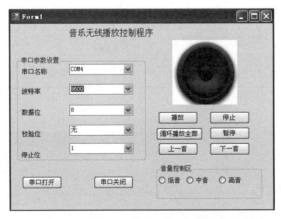

图 9-20　音乐无线播放控制程序初始界面

（6）根据前面所显示的串口名称，这里选择串口 COM2 口，单击"串口打开"按钮后，可以单击功能按钮实现音乐的无线播放控制操作，如图 9-21 所示。

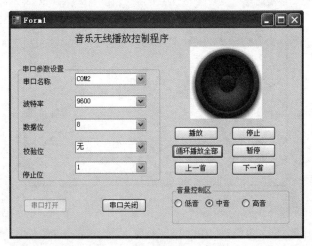

图 9-21　音乐无线播放控制程序运行界面

项目 10
基于 C# 智能家居采集控制应用

🔊 项目情境

　　清晨，背景音乐唤醒主人起床，伴随着歌声智能窗帘自动打开，明媚的阳光照进卧室，为主人带来一天的好心情。通过智能插座，电饭煲或者面包机可以自动工作，主人在起床洗漱的同时，早餐也准备好了，这样既不耽误主人的上班时间，也让主人生活更加方便。当主人离家的时候无需担心家中的安全，通过提前对智能安防系统的设置，在家中无人的时候，智能安防系统开始工作，家中的一切信息都会通过手机APP通知主人，有效保护家庭安全。主人在下班回家的路上，可以通过手机APP开启自己需要用到的电器设备，比如窗帘、空调、热水器等，这样主人在回到家时就能享受到温馨的家居环境，如图10-1所示。

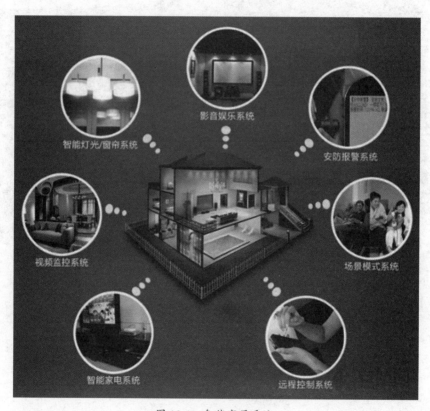

图 10-1　智能家居系统

🔍 学习目标

- 了解智能家居行业的应用场景
- 掌握智能家居采集控制程序的功能结构
- 掌握智能家居采集控制程序的功能设计
- 掌握智能家居采集控制程序的功能实现
- 掌握智能家居采集控制程序的调试和运行

10.1.1　任务描述

本次任务是在前几个项目的基础上，利用物联网多功能教学演示仪模拟智能家居应用领域，对当前环境参数（温度、湿度、光照信息、人体红外信息、烟雾气体信息等）进行实时采集之后，通过 ZigBee 无线传感网络传输至嵌入式网关，然后通过串口通信方式显示在 PC 端串口调试助手上；另一方面可以在 PC 端串口调试助手上发出字符串控制命令给终端节点模块，实现对多种执行机构模块控制，如图 10-2 所示。

图 10-2　传感器和执行机构模块

10.1.2　任务分析

串口通信实现温湿度采集和风扇控制功能，其中一个是温湿度采集模块，另一个是风扇控制模块。这里温湿度传感器实时采集温湿度数据信息，周期性地通过 ZigBee 网络发送至 ZigBee 协调器，当 ZigBee 协调器节点收到数据之后，通过串口发送给 PC 机；另一方面 PC 端通过串口发送风扇控制命令信息给 ZigBee 协调器，再由 ZigBee 协调器通过无线传感网络发送至 ZigBee 终端通信节点，实现风扇的打开和关闭控制，如图 10-3 所示。

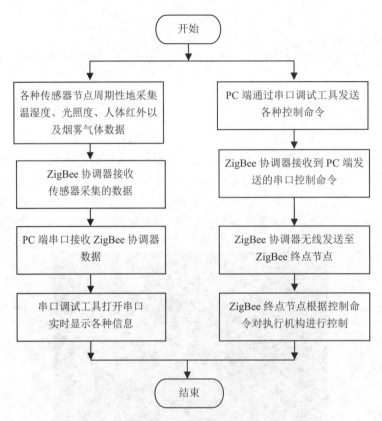

开始

| 各种传感器节点周期性地采集温湿度、光照度、人体红外以及烟雾气体数据 | PC 端通过串口调试工具发送各种控制命令 |

ZigBee 协调器接收传感器采集的数据

ZigBee 协调器接收到 PC 端发送的串口控制命令

PC 端串口接收 ZigBee 协调器数据

ZigBee 协调器无线发送至 ZigBee 终点节点

串口调试工具打开串口实时显示各种信息

ZigBee 终点节点根据控制命令对执行机构进行控制

结束

图 10-3　串口通信进行数据采集和控制流程图

10.1.3　操作方法与步骤

（1）打开物联网设备电源，将 USB 线缆一端插入到如图 10-4 所示的 USB 接口中，另一端接入到 PC 端 USB 通信接口中。

图 10-4　USB 线缆接入设备 USB 接口

（2）在 PC 端，右击"我的电脑"，在弹出的快捷菜单中选择"设备管理器"选项，如图 10-5 所示。

（3）打开设备管理器，找到"端口（COM 和 LPT）"选项，展开选项之后出现如图 10-6 所示的设备串口，这里为 USB-SERIAL CH340(COM4)，串口名称为 COM4。

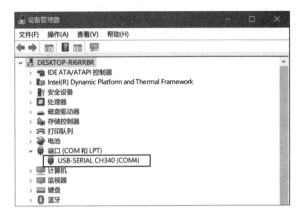

图 10-5　PC 端设备管理器　　　　　图 10-6　获取设备串口名称

（4）将功能开关挡位切换到"PC 端"挡之后即可通过 PC 机对物联网设备上的温湿度传感器数据采集和风扇进行控制，如图 10-7 所示。

图 10-7　设备端与 PC 通信挡位

（5）打开串口调试助手，设置波特率为 9600，校验位为无，数据位为 8 位，停止位为 1 位，然后打开串口，显示如图 10-8 所示的数据，0101 开头的后两位数据代表温度，如 010116 代表温度为 16℃，0102 开头的后两位数据代表湿度，如 010234 代表湿度为 34%；如果数据值为 222222 代表光照度传感器显示有光照，如果遮挡光照度传感器，则显示 111111，代表当前无光照；如果数据值为 555555，代表人体红外传感器检测当前无人，如数据值为 666666，代表人体红外传感器检测当前有人；如果数据值为 444444，代表烟雾气体传感器检测出当前无烟雾气体，如果数据值为 333333，代表烟雾气体传感器检测出当前有烟雾气体。

（6）各个执行机构与 PC 端通信。

1）灯光控制。

在串口调试助手发送区输入字符串"227"，单击"手动发送"按钮，则通过 PC 端向主控板串口发送"227"，这时终端采集控制板将通过无线传感网络接收"227"字符串，然后控制灯光照明设备，打开或者关闭 LED 灯，如图 10-9 所示。

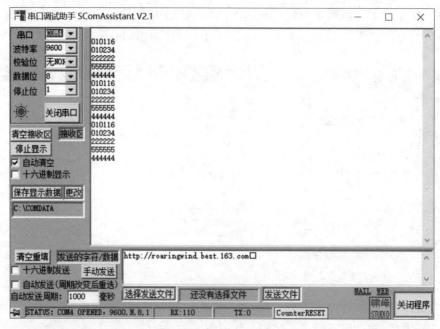

图 10-8　串口传感器数据信息显示

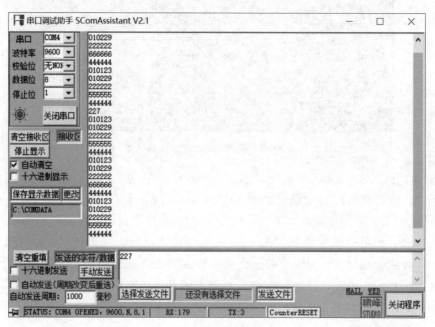

图 10-9　灯光控制串口发送

2）继电器控制。

在串口调试助手发送区输入字符串"287"，单击"手动发送"按钮，则通过 PC
端向主控板串口发送"287"，这时终端采集控制板将通过无线传感网络接收"287"字
符串，然后控制继电器设备，打开或者关闭继电器，如图 10-10 所示。

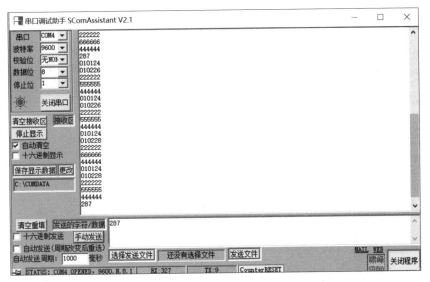

图 10-10　继电器控制串口发送

3）风扇控制。

在串口调试助手发送区输入字符串"268"，单击"手动发送"按钮，则通过 PC
端向主控板串口发送"268"，这时终端采集控制板将通过无线传感网络接收"268"字
符串，然后控制风扇设备，打开或者关闭风扇，如图 10-11 所示。

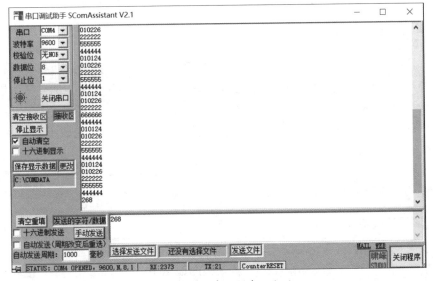

图 10-11　风扇控制串口发送

4）步进电机控制。

在串口调试助手发送区输入字符串"297"或"2A7"，单击"手动发送"按钮，
则通过 PC 端向主控板串口发送"297"，这时终端采集控制板将通过无线传感网络接
收"297"字符串，然后控制步进电机设备，正转或者反转步进电机，如图 10-12 所示。

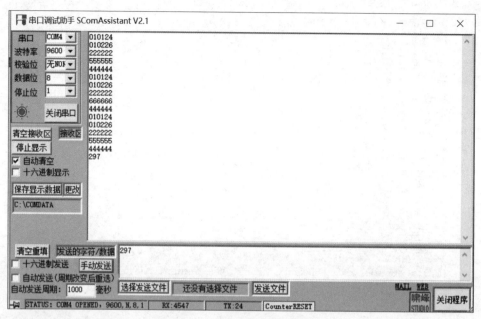

图 10-12   步进电机控制串口发送

任务 10.2   基于 C# 智能家居采集控制程序开发

10.2.1   任务描述

在本次项目开发中，将利用物联网多功能教学演示仪上的多种传感器和执行机构控制模块对当前环境参数（温度、湿度、光照信息、人体红外信息、烟雾气体信息等）进行实时采集，通过 C# 上位机编程实现串口通信，获取多种传感器数据，并且根据采集得到的数据再与设定的阈值进行比较，模拟智能家居场景，完成手动和联动模式对风扇或者灯光等进行控制。

10.2.2   任务分析

1. 项目功能结构

智能家居采集控制系统功能模块分成两个部分，一个是传感器采集模块，另一个是执行机构控制模块，项目功能模块设计结构图如图 10-13 所示。

2. 传感器采集模块设计

传感器采集模块包括温湿度采集模块、光照度采集模块、人体红外采集模块、烟雾气体采集模块。这 4 个采集模块周期性地通过 ZigBee 网络将数据发送至 ZigBee 协调器，当 ZigBee 协调器节点收到数据之后，通过串口发送给 PC 机的 C# 上位机程序进行解析处理，并显示在 C# 的图形交互界面上，传感器采集模块流程图如图 10-14 所示。

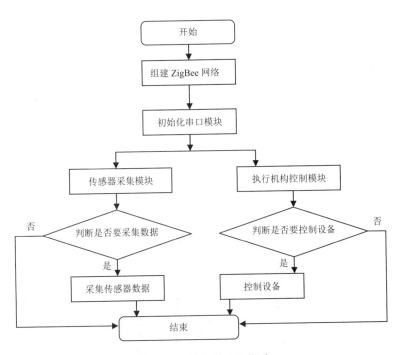

图 10-13　功能模块结构图

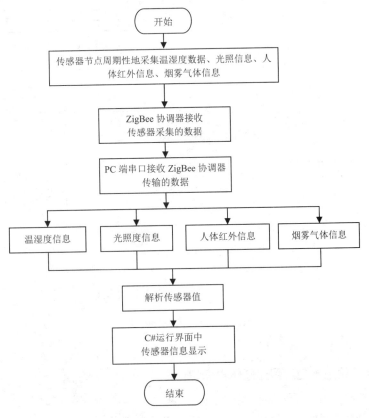

图 10-14　传感器采集模块流程图

3. 执行机构控制模块设计

执行机构控制模块包括风扇模块、灯光模块、继电器模块（模拟空调）、步进电机模块（模拟窗帘）。当单击"C# 智能家居采集控制程序"界面上的各个执行机构按钮时，PC 端通过串口发送控制命令信息给 ZigBee 协调器，再由 ZigBee 协调器通过无线传感网络发送至 ZigBee 终端通信节点，实现对各个执行机构模块的控制。执行机构控制模块流程图如图 10-15 所示。

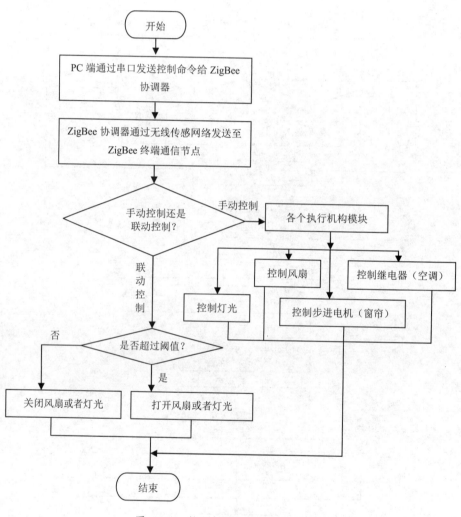

图 10-15 执行机构控制模块流程图

10.2.3 操作方法与步骤

1. 智能家居采集控制程序窗体界面设计

（1）创建智能家居采集控制系统工程项目。

打开 VS.NET 开发环境,在起始页的项目窗体界面中选择菜单中的"文件"→"新

建"→"项目"选项，弹出"新建项目"对话框，如图 10-16 所示。在左侧项目类型
列表中选择 Windows 选项，在右侧的模板中选择"Windows 窗体应用程序"选项，在
下方的"名称"栏中输入将要开发的应用程序名 SmartHomeApp，在"位置"栏中选
择应用程序所保存的路径位置，最后单击"确定"按钮。

图 10-16   "新建项目"对话框

　　智能家居采集控制程序工程项目创建完成之后显示如图 10-17 所示的工程解决
方案。

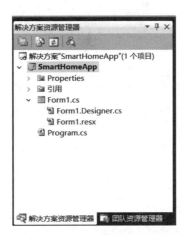

图 10-17   智能家居采集控制程序工程项目解决方案

（2）智能家居采集控制程序窗体界面设计。

1）串口参数界面设计：在界面设计中，添加 6 个 Label 控件（实现标题和各种

串口名称设置）、5 个 ComboBox 控件（完成对串口通信参数的设置）、两个 Button
按钮（实现打开串口和关闭串口控制）。主界面窗体的设计效果如图 10-18 所示。

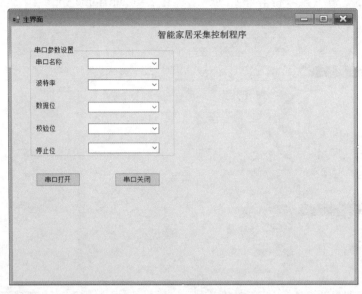

图 10-18 串口模块设计界面

2）温湿度采集区界面设计：在界面设计中，添加一个 GroupBox 控件（显示温湿
度采集区）、两个 Label 控件（显示温度值和湿度值）和两个 TextBox 控件（显示当前
的温度值和湿度值）。主界面窗体的设计效果如图 10-19 所示。

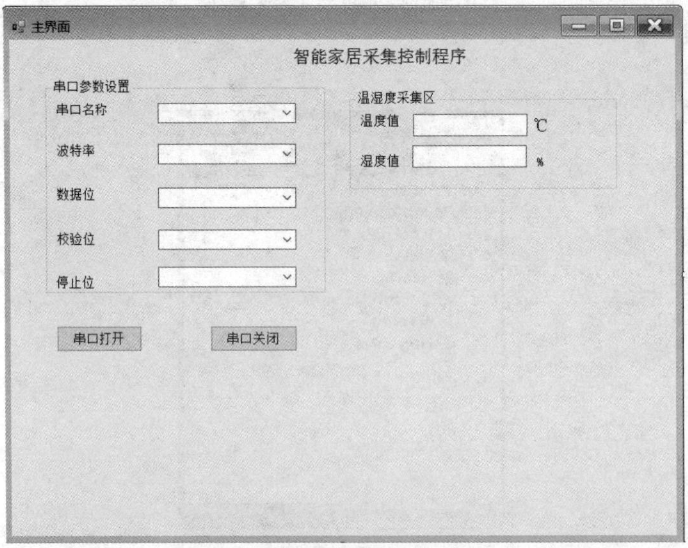

图 10-19 温湿度采集区界面

3）光照度采集区界面设计：在界面设计中，添加一个 GroupBox 控件（显示光照
度显示区）、一个 Label 控件（显示"当前光照度"文本信息）和一个 TextBox 控件（显

示当前的光照信息数值）。主界面窗体的设计效果如图 10-20 所示。

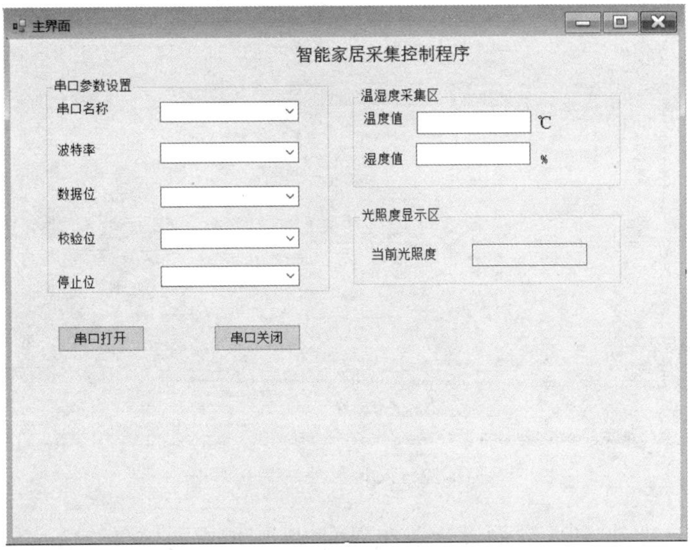

图 10-20　光照度采集区界面

4）烟雾气体采集区界面设计：在界面设计中，添加一个 GroupBox 控件（显示烟雾气体采集显示区）、一个 Label 控件（显示"当前烟雾气体"文本信息）和一个 TextBox 控件（显示当前烟雾气体的数值）。主界面窗体的设计效果如图 10-21 所示。

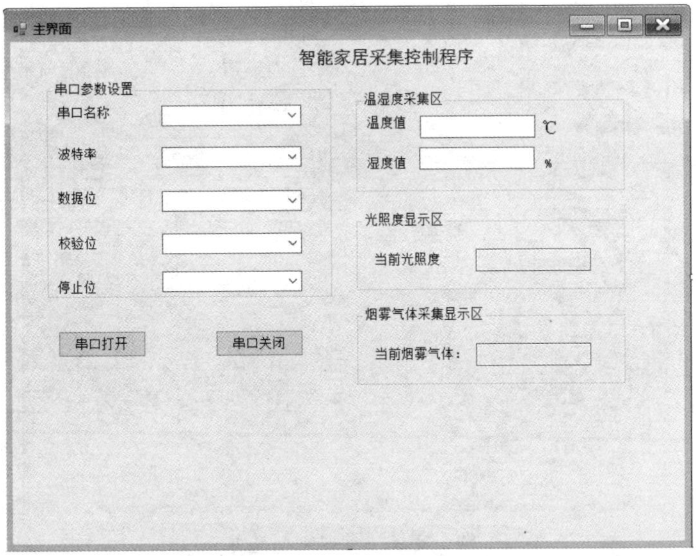

图 10-21　烟雾气体采集区界面

5）人体红外采集区界面设计：在界面设计中，添加一个 GroupBox 控件（显示人体红外采集区）、一个 Label 控件（显示"当前人体红外"信息）和一个 TextBox 控件（显示当前人体红外信息的数值）。主界面窗体的设计效果如图 10-22 所示。

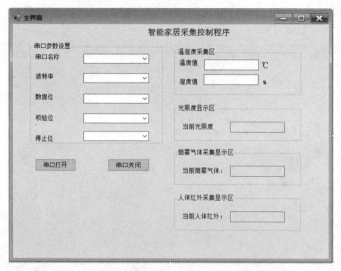

图 10-22　人体红外采集区界面

6）风扇和空调控制区界面设计：在界面设计中，添加一个 GroupBox 控件（显示风扇和空调控制区）、4 个 Button 控件（风扇启动、风扇停止、空调启动、空调停止）。主界面窗体的设计效果如图 10-23 所示。

图 10-23　风扇和空调控制区界面设计

7）灯光和窗帘控制区界面设计：在界面设计中，添加一个 GroupBox 控件（显示灯光和窗帘控制区）和 4 个 Button 控件（灯光打开、灯光关闭、窗帘打开、窗帘关闭）。主界面窗体的设计效果如图 10-24 所示。

8）联动控制区界面设计：在界面设计中，添加一个 GroupBox 控件（显示联动控制区）、3 个 Label 控件（显示"当前温度值大于""度"和"当前温度超过阈值，打开风扇　当前无光照，打开灯光"信息）、一个文本框 TextBox（用于显示温度值）和两个 Button 控件（联动开启、联动停止）。主界面窗体的设计效果如图 10-25 所示。

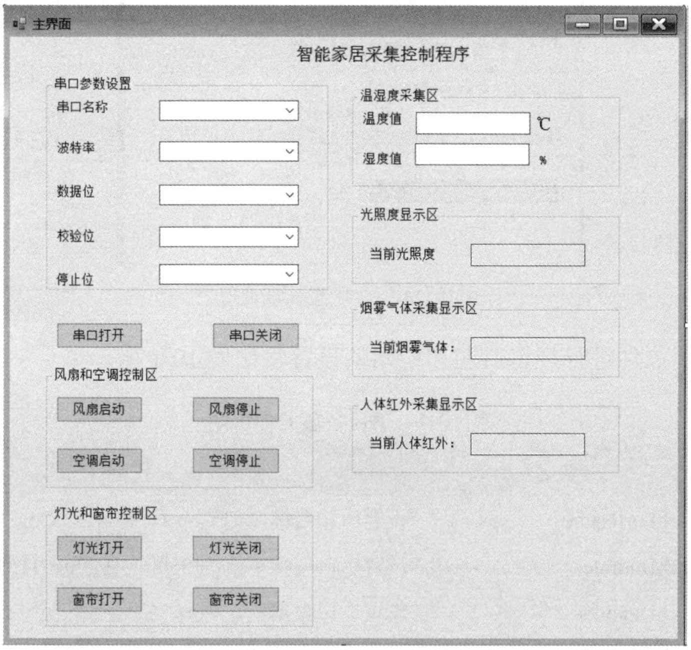

图 10-24　灯光和窗帘控制区界面设计

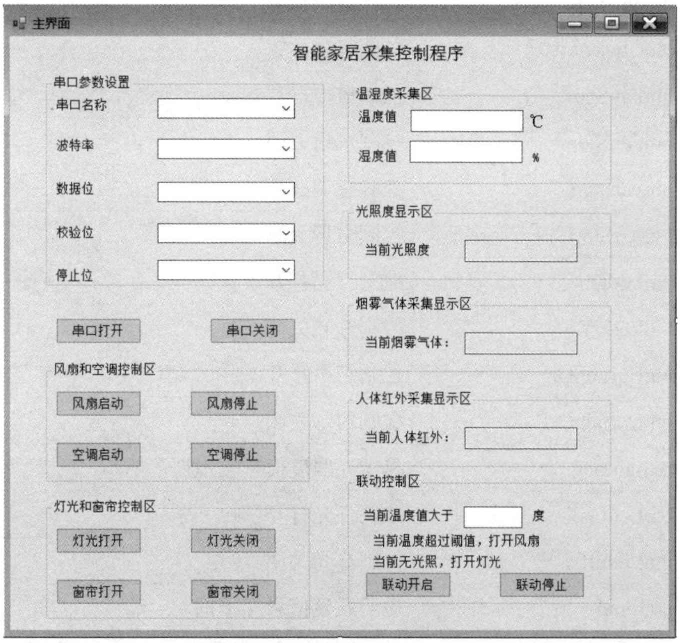

图 10-25　联动控制区设计界面

9）从工具栏中选择一个定时器控制 timer 并拖放到窗体界面上，设置相关属性和定时器事件，如图 10-26 所示。

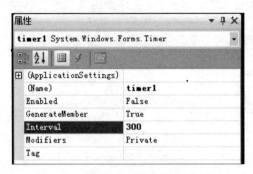

图 10-26 定时器属性设置

10）将主要控件进行规范命名和初始值设置，如表 10-1 所示。

表 10-1 项目各项控件说明

控件名称	命名	说明
ComboBox	cbPortName	设置串口名称，如 Com1、Com2、Com3
ComboBox	cbBudrate	设置串口波特率，如 9600、19200、115200
ComboBox	cbDatabits	设置串口数据位，如 6、7、8
ComboBox	cbParitybit	设置串口有无校验，如奇、偶校验
ComboBox	cbStopbits	设置串口停止位，如 1、1.5
Button	btnOpenport	打开串口按钮
Button	btnCloseport	关闭串口按钮
Button	btnFanStart	控制风扇打开
Button	btnFanStop	控制风扇关闭
Button	btnAirStart	控制空调打开
Button	btnAirStop	控制空调关闭
Button	btnLedOn	控制灯光打开
Button	btnLedoff	控制灯光关闭
Button	btnCurtainOn	控制窗帘打开
Button	btnCurtainOff	控制窗帘关闭
TextEdit	txtlightflag	显示光照度信息文本框
Button	btnLedOn	控制灯光打开
Button	btnLedoff	控制灯光关闭
TextEdit	txtTemp	显示温度信息文本框
TextEdit	txtSetTemp	设置温度值文本框

控件名称	命名	说明
Button	btnControlStart	联动开启按钮
Button	btnControlStop	联动关闭按钮
Timer	timer1	定时器控件

2. 智能家居采集控制程序功能实现

（1）Form1 窗体代码文件（Form1.cs）结构。

```
using System;
using System.Collections.Generic;
using System.ComponentModel;
using System.Data;
using System.Drawing;
using System.Linq;
using System.Text;
using System.Windows.Forms;
using System.IO.Ports;    // 手动添加串口类

namespace SmartHomeApp
{
  public partial class Form1 : Form
  {
    private SerialPort serialport = new SerialPort();
    private bool IsAuto;
    private bool fan_on, air_on;
    private bool led_on, curtain_on;
    string newstrdata = "";
    public Form1()
    {
      InitializeComponent();
    }
    private void InitPort()
    {

    }
    private void Form1_Load(object sender, EventArgs e)
    {


    }
    private void btnOpenport_Click(object sender, EventArgs e)
    {

    }
    private void serialport_DataReceived(object sender, SerialDataReceivedEventArgs e)
    {

    }
```

```
        private void btnCloseport_Click(object sender, EventArgs e)
        {

        }
        private void btnFanStart_Click(object sender, EventArgs e)
        {

        }
        private void btnFanStop_Click(object sender, EventArgs e)
        {

        }
        private void btnAirStart_Click(object sender, EventArgs e)
        {

        }
        private void btnAirStop_Click(object sender, EventArgs e)
        {

        }
        private void btnLedOn_Click(object sender, EventArgs e)
        {

        }
        private void btnLedoff_Click(object sender, EventArgs e)
        {

        }
        private void btnCurtainOn_Click(object sender, EventArgs e)
        {

        }
        private void btnCurtainOff_Click(object sender, EventArgs e)
        {

        }
        private void btnControlStart_Click(object sender, EventArgs e)
        {

        }
        private void btnControlStop_Click(object sender, EventArgs e)
        {

        }
        private void timer1_Tick(object sender, EventArgs e)
        {

        }
    }
}
```

（2）功能方法说明。

1）InitPort 方法。初始化串口参数和变量参数。代码具体实现如下：

```
private void InitPort()
{
    if (cbPortName.Items.Count>0)
    cbPortName.SelectedIndex = 0;
    cbBudrate.SelectedIndex = 0;
    cbDatabits.SelectedIndex = 3;
    cbParitybit.SelectedIndex = 2;
    cbStopbits.SelectedIndex = 0;
    fan_on = false;
    air_on = false;
    led_on = false;
    air_on = false;
    IsAuto = false;
}
```

2）Form1_Load 方法。当窗体加载时，一方面执行串口类的 GetPortNames 方法，使之获得当前 PC 端可用的串口并显示在下拉列表框中；另一方面调用 InitPort 方法实现串口初始化。代码具体实现如下：

```
private void Form1_Load(object sender, EventArgs e)
{
    string[] ports = SerialPort.GetPortNames();
    foreach(string p in ports)
    {
        this.cbPortName.Items.Add(p);
    }
    InitPort();
}
```

3）打开串口方法。单击"打开串口"按钮时，执行打开串口方法。首先通过主界面窗体上的下拉列表框选择可用的串口，如串口名称 Com4，设置波特率为 9600，设置无奇偶校验，设置数据位为 8 位，停止位为 1 位，打开串口，然后添加事件处理函数 serialport.DataReceived，使得当串口缓冲区有数据时执行 serialport_DataReceived 方法读取串口数据并处理。代码具体实现如下：

```
private void btnOpenport_Click(object sender, EventArgs e)
{
    serialport.PortName = cbPortName.Text;
    serialport.BaudRate = Convert.ToInt32(cbBudrate.Text);
    serialport.DataBits = Convert.ToInt32(cbDatabits.Text);
    if (cbParitybit.Text == " 奇校验 ")
    {
        serialport.Parity = Parity.Odd;
    }
    else
    {
        if (cbParitybit.Text == " 偶校验 ")
        {
```

```
            serialport.Parity = Parity.Even;
        }
        else
        {
            serialport.Parity = Parity.None;
        }
    }
    serialport.StopBits = StopBits.One;
    serialport.Open();
    serialport.DataReceived += new SerialDataReceivedEventHandler(serialport_DataReceived);
    btnOpenport.Enabled = false;
    btnCloseport.Enabled = true;
}
```

4）关闭串口方法。单击"关闭串口"按钮时，执行关闭串口方法。在该方法中将打开的串口对象进行关闭操作，然后删除事件处理函数。代码具体实现如下：

```
private void btnCloseport_Click(object sender, EventArgs e)
{
    if(serialport.IsOpen)
    {
        serialport.Close();
        serialport.DataReceived -= new SerialDataReceivedEventHandler(serialport_DataReceived);
        btnOpenport.Enabled = true;
        btnCloseport.Enabled = false;
    }
}
```

5）风扇开启方法。单击 btnFanStart 按钮时，执行风扇打开。首先判断串口是否打开，如果串口打开，则向串口发送字符串"268"，成功之后"风扇开启"按钮不可用。代码具体实现如下：

```
private void btnFanStart_Click(object sender, EventArgs e)
{
    if(IsAuto==false&&serialport.IsOpen)
    {
        if(!fan_on)
        {
            serialport.Write("268");
            btnFanStart.Enabled = false;
            btnFanStop.Enabled = true;
            fan_on = true;
        }
    }
}
```

6）风扇关闭方法。单击 btnFanStop 按钮时，执行风扇关闭。首先判断串口是否打开，如果串口打开，则向串口发送字符串"268"，成功之后"风扇关闭按钮"不可用。代码具体实现如下：

```
private void btnFanStop_Click(object sender, EventArgs e)
{
```

```
        if (IsAuto==false&&serialport.IsOpen)
        {
          if(fan_on)
          {
            serialport.Write("268");
            btnFanStart.Enabled = true;
            btnFanStop.Enabled = false;
            fan_on = false;
          }
        }
      }
```

7）空调开启方法。单击 btnAirStart 按钮时，执行空调的打开。首先判断串口是否打开，如果串口打开，才能执行空调的开启。如果要开启空调，则向串口发送字符串"287"，成功之后"空调开启"按钮不可用。代码具体实现如下：

```
    private void btnAirStart_Click(object sender, EventArgs e)
    {
      if (IsAuto == false && serialport.IsOpen)
      {
        if(!air_on)
        {
        serialport.Write（"287"）;
        btnAirStart.Enabled = false;
        btnAirStop.Enabled = true;
        air_on = true;
        }

      }
    }
```

8）空调关闭方法。单击 btnAirStop 按钮时，执行空调关闭。首先判断串口是否打开，如果串口打开，才能执行空调的关闭操作。如果要关闭空调，则向串口发送字符串"287"一次，成功之后"空调关闭"按钮不可用。代码具体实现如下：

```
    private void btnAirStop_Click(object sender, EventArgs e)
    {
      if (IsAuto == false && serialport.IsOpen)
      {
        if (air_on)
        {
        serialport.Write("287");
        btnAirStart.Enabled = true;
        btnAirStop.Enabled = false;
        air_on = false;
        }
      }
    }
```

9）灯光开启方法。单击 btnLedOn 按钮时，执行灯光打开。首先判断串口是否打开，如果串口打开，则向串口发送字符串"227"，成功之后"灯光开启"按钮不可用。

代码具体实现如下：

```
private void btnLedOn_Click(object sender, EventArgs e)
{
    if (IsAuto == false && serialport.IsOpen)
    {
        if (!led_on)
        {
            serialport.Write("227");
            this.btnLedOn.Enabled = false;
            this.btnLedoff.Enabled = true;
            led_on = true;
        }
    }
}
```

10）灯光关闭方法。单击 btnLedoff 按钮时，执行灯光关闭。首先判断串口是否打开，如果串口打开，则向串口发送字符串"227"，成功之后"灯光关闭"按钮不可用。代码具体实现如下：

```
private void btnLedoff_Click(object sender, EventArgs e)
{
    if (IsAuto == false && serialport.IsOpen)
    {
        if (led_on)
        {
            serialport.Write("227");
            this.btnLedOn.Enabled = true;
            this.btnLedoff.Enabled = false;
            led_on = false;
        }
    }
}
```

11）窗帘开启方法。单击 btnCurtainOn 按钮时，执行窗帘的打开。首先判断串口是否打开，如果串口打开，才能执行窗帘的开启。如果要开启窗帘，则向串口发送字符串"297"，成功之后"窗帘开启"按钮不可用。代码具体实现如下：

```
private void btnCurtainOn_Click(object sender, EventArgs e)
{
    if (IsAuto == false && serialport.IsOpen)
    {
        if (!curtain_on)
        {
            serialport.Write("297");
            this.btnCurtainOn.Enabled = false;
            this.btnCurtainOff.Enabled = true;
            curtain_on = true;
        }
    }
}
```

12）窗帘关闭方法。单击 btnCurtainOff 按钮时，执行窗帘关闭。首先判断串口是否打开，如果串口打开，才能执行窗帘的关闭操作。如果要关闭窗帘，则向串口发送字符串"2A7"一次，成功之后"窗帘关闭"按钮不可用。代码具体实现如下：

```csharp
private void btnCurtainOff_Click(object sender, EventArgs e)
{
    if (IsAuto == false && serialport.IsOpen)
    {
        if (curtain_on)
        {
            serialport.Write("2A7");
            this.btnCurtainOn.Enabled = true;
            this.btnCurtainOff.Enabled = false;
            curtain_on = false;
        }
    }
}
```

13）读串口数据方法。当串口缓冲区有数据时，执行 serialport_DataReceived 方法读串口数据。从串口读出数据之后，首先判断数据是否为空，如果不为空，再判断字符串是否以"0101"开始，如果是，则取 0101 的后面两位字符，它们是温度数据。判断"0102"字符串是否存在，如果是，则取 0102 的后面两位字符，它们是湿度数据。判断数据是否以"222222"字符串开始，如果是，则表示当前有光照；如果数据是以"111111"字符串开始，则表示当前无光照。判断数据是否以"333333"字符串开始，如果是，则表示当前有烟雾气体；如果数据是以"444444"字符串开始，则表示当前无烟雾气体。对于人体红外而言，首先判断数据是否以"666666"字符串开始，如果是，则表示当前有人；如果数据是以"555555"字符串开始，则表示当前无人。代码具体实现如下：

```csharp
private void serialport_DataReceived(object sender, SerialDataReceivedEventArgs e)
{
    this.BeginInvoke(new Action(() =>
    {
        string serialdata = serialport.ReadExisting();
        newstrdata += serialdata;
        if (newstrdata.LastIndexOf("0101") >= 0)
        {
            int tempindex = newstrdata.LastIndexOf("0101");
            if (newstrdata.Substring(tempindex).Length >= 6)
            {
                txtTemp.Text = newstrdata.Substring(tempindex + 4, 2);
            }
        }
        if (newstrdata.LastIndexOf("0102") >= 0)
        {
            int humindex = newstrdata.LastIndexOf("0102");
            if (newstrdata.Substring(humindex).Length >= 6)
            {
                txtHum.Text = newstrdata.Substring(humindex + 4, 2);
            }
```

```
        }
        if (serialdata.LastIndexOf( "111111" ) >= 0)
        {
            txtlightflag.Text = "无光照 ";
        }
        if (serialdata.LastIndexOf("222222") >= 0)
        {
            txtlightflag.Text = "有光照 ";
        }
        if (serialdata.LastIndexOf("333333") >= 0)
        {
            this.txtsmokeflag.Text = "有烟雾气体 ";
        }
        if (serialdata.LastIndexOf("444444") >= 0)
        {
            this.txtsmokeflag.Text = "无烟雾气体 ";
        }
        if (serialdata.LastIndexOf("666666") >= 0)
        {
            this.txtpersonflag.Text = "有人 ";
        }
        if (serialdata.LastIndexOf("555555") >= 0)
        {
            this.txtpersonflag.Text = "无人 ";
        }
        serialdata="";
    }
    ), null);
}
```

14）联动开启方法。当单击 btnControlStart 按钮时，开启定时器 timer 执行联动操作，设置 IsAuto 值为 true。功能代码如下：

```
private void btnControlStart_Click(object sender, EventArgs e)
{
    IsAuto = true;
    btnControlStart.Enabled = false;
    btnControlStop.Enabled = true;
    btnAirStart.Enabled = false;
    btnAirStop.Enabled = false;
    btnFanStart.Enabled = false;
    btnFanStop.Enabled = false;
    btnLedOn.Enabled = false;
    btnLedoff.Enabled = false;
    btnCurtainOn.Enabled = false;
    btnCurtainOff.Enabled = false;
    timer1.Enabled = true;
}
```

15）联动关闭方法。当单击 btnControlStop 按钮时，关闭定时器 timer 执行联动停止操作，设置 IsAuto 值为 false。功能代码如下：

```
private void btnControlStop_Click(object sender, EventArgs e)
{
    IsAuto = false;
    btnControlStart.Enabled = true;
    btnControlStop.Enabled = false;
    btnAirStart.Enabled = true;
    btnAirStop.Enabled = true;
    btnFanStart.Enabled = true;
    btnFanStop.Enabled = true;
    btnLedOn.Enabled = true;
    btnLedoff.Enabled = true;
    btnCurtainOn.Enabled = true;
    btnCurtainOff.Enabled = true;
    timer1.Enabled = false;
}
```

16）定时器操作方法。当定时器 timer 开启之后执行此方法，首先根据温湿度设置文本框中的数值和当前的温湿度值进行判断，如果当前温度值大于设置的温度值，开启风扇，否则停止风扇。另外如果当前有光照，则打开灯光，否则，则关闭灯光。代码具体实现如下：

```
private void timer1_Tick(object sender, EventArgs e)
{
    int settemp = Convert.ToInt32(txtSetTemp.Text);
    if (settemp < Convert.ToInt32(txtTemp.Text))
    {
        if (IsAuto == true && serialport.IsOpen)
        {
            if (!fan_on)
            {
                serialport.Write("268");
                btnFanStart.Enabled = false;
                btnFanStop.Enabled = false;
                fan_on = true;
            }
        }
    }
    else
    {
        if (IsAuto == true && serialport.IsOpen)
        {
            if (fan_on)
            {
                serialport.Write("268");
                btnFanStart.Enabled = false;
                btnFanStop.Enabled = false;
                fan_on = false;
            }
        }
    }
```

```
    if (this.txtlightflag.Text == " 无光照 ")
    {
        if (IsAuto == true && serialport.IsOpen)
        {
            if (led_on)
            {
                serialport.Write("227");
                this.btnLedOn.Enabled = false;
                this.btnLedoff.Enabled = false;
                led_on = false;
            }
        }
    }
    else
    {
        if (IsAuto == true && serialport.IsOpen)
        {
            if (!led_on)
            {
                serialport.Write("227");
                this.btnLedOn.Enabled = false;
                this.btnLedoff.Enabled = false;
                led_on = true;
            }
        }
    }
}
```

3. 智能家居采集控制程序调试与运行

（1）打开物联网设备电源，将 USB 线缆一端插入到如图所示的 USB 接口中，另一端接入到 PC 端 USB 通信接口中，如图 10-27 所示。

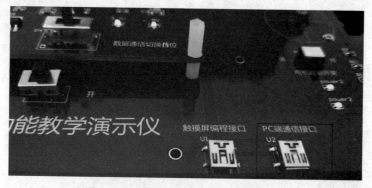

图 10-27　USB 线缆接入设备 USB 接口

（2）在 PC 端，右击"我的电脑"，在弹出的快捷菜单中选择"设备管理器"选项，如图 10-28 所示。

（3）打开设备管理器，找到"端口（COM 和 LPT）"选项，展开选项之后出现如

图 10-29 所示的设备串口，这里为 USB-SERIAL CH340(COM1)，串口名称为 COM4。

图 10-28　PC 端设备管理器

图 10-29　获取设备串口名称

（4）将功能开关挡位切换到"PC 端"挡之后即可通过 PC 机对物联网设备中的多种传感器进行数据采集和执行机构控制，如图 10-30 所示。

图 10-30　设备端与 PC 通信的挡位

（5）在 PC 端双击"智能家居采集控制程序"运行智能家居采集控制程序，主界面如图 10-31 所示。

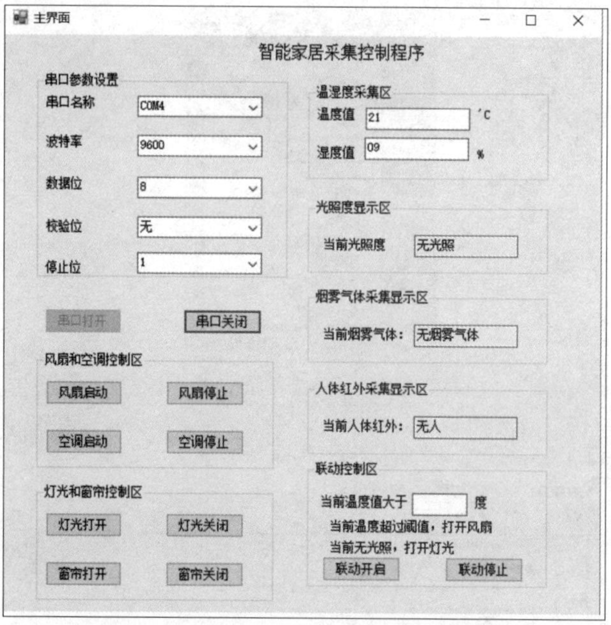

图 10-31　运行智能家居采集控制程序

（6）在"联动控制"选项中，选择温度进行比较。在设定温度数字框选择合适的阈值，这里选择 20℃，也就是说当前温度数值大于设定值时立刻启动风扇转动，否则停止。另外，如果当前无光照，灯光自动打开，单击"启用联动模式"选项，开始联动模式，如图 10-32 所示。

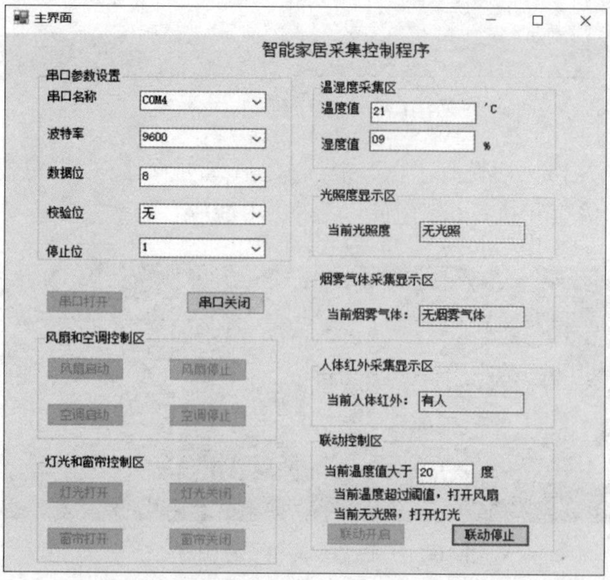

图 10-32　联动控制功能

（7）联动模式启动之后，当前无光照时设备中的灯光自动打开；当前温度超过设定值时风扇也自动运行，如图 10-33 所示。

图 10-33　联动模式设备开启

参考文献

[1]　胡锦丽. C# 物联网程序设计基础 [M]. 北京：机械工业出版社，2017.

[2]　王浩，浦灵敏. 物联网技术应用开发 [M]. 北京：中国水利水电出版社，2015.

[3]　杨文珺，王志杰. C# 物联网应用程序开发 [M]. 北京：机械工业出版社，2017.

[4]　高建良. 物联网的技术开发与应用研究 [M]. 长春：东北师范大学出版社，2017.